淮北矿区深部岩巷
快速掘进关键技术研究

吴德义　魏允伯　黄以寿　王爱兰　周利利　著

北　京

冶 金 工 业 出 版 社

2019

内 容 提 要

本书针对淮北矿区深部巷道埋置深、围岩岩性变化频繁、断面积大的典型特征，对淮北矿区深部岩巷快速掘进关键技术进行了研究，主要研究内容包括：深部岩巷围岩破碎范围、破碎程度及碎胀变形分析，深部岩巷围岩稳定性工程判据及支护理论选择，深部岩巷合理支护及参数选择，深部硬岩巷道深孔松动爆破与综掘合理工艺选择，深部硬岩巷道爆破法掘进合理爆破参数选择，深部大断面硬岩巷道炮掘与综掘联合掘进合理工艺选择，合理装岩及运输等配套机械化施工工艺选择，深部硬岩及软岩巷道快速掘进合理施工组织选择等。

本书可供从事采矿工程、矿井建设工程、岩土工程、地下工程等专业的设计及施工人员阅读，也可供高等院校相关专业的师生参考。

图书在版编目(CIP)数据

淮北矿区深部岩巷快速掘进关键技术研究/吴德义
等著. —北京：冶金工业出版社，2019.12
ISBN 978-7-5024-8212-1

Ⅰ.①淮⋯ Ⅱ.①吴⋯ Ⅲ.①矿区—岩巷掘进—研究
—淮北 Ⅳ.①TD263.5

中国版本图书馆 CIP 数据核字（2019）第 178921 号

出 版 人 陈玉千
地 址 北京市东城区嵩祝院北巷 39 号 邮编 100009 电话 （010）64027926
网 址 www.cnmip.com.cn 电子信箱 yjcbs@cnmip.com.cn
责任编辑 杨 敏 美术编辑 彭子赫 版式设计 禹 蕊
责任校对 郑 娟 责任印制 李玉山
ISBN 978-7-5024-8212-1
冶金工业出版社出版发行；各地新华书店经销；三河市双峰印刷装订有限公司印刷
2019 年 12 月第 1 版，2019 年 12 月第 1 次印刷
169mm×239mm；11.25 印张；218 千字；170 页
55.00 元
冶金工业出版社 投稿电话 （010）64027932 投稿信箱 tougao@cnmip.com.cn
冶金工业出版社营销中心 电话 （010）64044283 传真 （010）64027893
冶金工业出版社天猫旗舰店 yjgycbs.tmall.com
（本书如有印装质量问题，本社营销中心负责退换）

前　言

随着我国煤炭开采进入深部，深部岩巷掘进效率普遍较低，已成为影响深部煤炭安全高效开采的关键问题。为此，作者与安徽淮北矿业股份有限公司、合肥市轨道交通公司等大型国有企业合作开展了"淮北矿区深部大断面岩巷快速掘进关键技术研究""城市地下空间工程专业综合改革试点"以及"安徽建筑大学与合肥市轨道交通公司实践教育基地"等课题研究，申报了国家自然科学基金项目"深井复合顶板离层分离及稳定性研究"（编号50974001）、"深部煤岩稳定性量化判别研究"（编号51374009）以及"深部煤巷帮部预应力锚索压缩拱合理承载机制及计算理论研究"（编号51674005）并获批，以此为基础，确定了深部岩石巷道合理支护形式及参数选择的一般方法，深部岩巷爆破法掘进合理参数选择一般方法，深部大断面岩巷爆破法掘岩和综掘机掘岩联合掘进以及深孔松动爆破与综掘机联合掘进等一般方法，将这些方法应用于安徽淮北矿区深部岩巷快速掘进工程实际，明显提高了深部岩巷掘进速度，保证了深部煤炭安全高效开采。

本书由安徽建筑大学吴德义教授，淮北矿业股份有限公司魏允伯高级工程师、黄以寿高级工程师，安徽建筑大学王爱兰讲师及周利利讲师根据多年研究成果撰写而成。其中，魏允伯高级工程师负责第2章及第7章7.2节~7.6节的撰写，黄以寿高级工程师负责第4章及第6章的撰写，吴德义教授负责其他章节的撰写。王爱兰讲师参与了第3章及第5章的撰写，周利利讲师参与了第7章7.1节及第8章的撰写。

感谢淮北矿业股份有限公司以及合肥市轨道交通公司提供的现场试验场地，感谢安徽建筑大学建筑健康监测与灾害预防国家地方联合工程实验室提供的帮助，感谢国家自然科学基金项目（50974001、51374009、51674005）、安徽省自然科学基金项目（1608085ME105）等提供的资金资助！

感谢安徽建筑大学专业综合改革试点项目"城市地下空间工程专业综合改革试点"以及校企合作实践教育基地项目"安徽建筑大学与合肥市轨道交通公司实践教育基地"提供的质量工程项目资金资助。

感谢安徽建筑大学有关部门及领导给予的关心和帮助！

在本书撰写过程中，参考了有关文献，在此向文献作者表示衷心的感谢！

由于作者水平所限，书中不足之处，恳请广大读者批评指正。

作　者

2019 年 5 月

目　　录

1 绪　　论

1.1　研究背景

掘进作为煤炭开采先行工序，采掘比例协调是保证煤炭高效开采的关键。特别是淮北矿区及全国其他各大矿区煤层开采相继进入深部之后，由于巷道埋置深、地质条件复杂多变，且岩巷断面一般较大，深部岩巷掘进效率普遍较低，提高岩巷掘进速度就显得更加重要。随着采煤技术水平提高，为保证煤炭开采顺利接替，在采区衔接、水平接替、巷道拓展以及各大矿区采掘比例日趋紧张的局面下，唯一有效的解决途径就是提高与改善巷道，特别是岩巷的掘进速度。岩巷快速掘进的研究具有十分重要的意义。近年来，淮北矿区采掘接替普遍紧张，掘进速度及工效普遍较低、成本相对较高，巷道掘进已成为制约煤矿高产高效的重要环节。在目前劳动力缺乏、劳动力成本持续增加的背景下提高掘进速度、减少用工数具有现实意义。

岩巷掘进主要包括掘岩、支护主要工序以及装岩、运输等辅助工序，其中提高掘岩、支护关键工序效率对于岩巷快速掘进至关重要。目前淮北矿区乃至全国其他矿区岩巷掘进普遍采用爆破法开挖的炮掘和综掘机掘岩的综掘两种主要方式。对于普氏系数 $f<8$ 的软岩及中硬岩，由于岩石强度较小，采用机械化程度较高的综掘作业方式具有较高岩巷掘进速度和掘进效率，淮北矿区以及全国其他矿区普遍采用岩巷综合掘进机掘岩。岩巷综掘具有现场操作安全、对围岩的扰动较小、凿岩和装岩效率高、作业人员少、可降低工人的劳动强度等优点。综掘在淮北矿区的新建矿井及投产煤矿中已得到广泛使用并已显示出其优越性，月平均进尺可达 150.0 m 以上，远远超过了炮掘平均月进尺 70.0~80.0 m 的水平；施工进度和效率提高了 50.0%，成果水平达国内先进，并给公司创造了巨大的经济效益；但由于巷道埋置深、围岩强度低，巷道围岩产生大范围松动破碎，围岩变形失稳、前掘后修现象普遍存在，选择合理支护方式及支护工艺保持围岩稳定就显得尤为重要。对于普氏系数 $f \geq 8$ 的硬岩及坚硬岩，由于岩石强度高，巷道围岩松动破碎不显著，采用常规支护形式即能保持围岩稳定；但如果采用综掘机掘岩，由于目前掘岩机型限制，综掘速度及效率普遍很低，有时难以正常掘进。尽管爆破法掘进存在安全条件差、劳动强度大、掘进效率低等明显缺陷，但对于普氏系数 $f>8$ 的硬岩及坚硬岩，不得不仍采用爆破法掘进；有时甚至对于普氏系数

$f<8$ 的中硬岩及软岩也采用爆破法掘进，因此，选择合理爆破参数和爆破工艺，提高炮掘速度和效率对于岩巷快速掘进具有实际意义。

当岩巷断面积 $S \geqslant 12m^2$，即使采用爆破法掘进，受起爆器起爆能力限制，也不能做到全断面一次起爆；由于辅助作业时间增长，掘进速度也明显下降。对于深部大断面岩石巷道，将综掘机掘岩及爆破法掘岩结合在一起，提出一种合理的联合掘进方法，对提高掘岩速度有工程实用价值。

岩巷掘进还包括装岩、运输等辅助工序，在确定合理掘岩、支护工艺的同时，选择辅助工序作业方式，确定合理工序作业时间及搭接方式、施工组织作业方式及循环作业方式对于提高掘进速度同样至关重要。淮北矿区地质条件多变，本书针对影响淮北矿区岩巷掘进速度及效率的影响因素进行分析，找出主要影响因素，具有重要工程应用价值。

1.2 研究现状

1.2.1 爆破法掘进

爆破法掘岩爆破参数选择主要包括掏槽孔爆破、辅助孔爆破及周边孔爆破参数选择。掏槽孔爆破参数主要包括掏槽孔布置形式、炮孔长度（深度）、炮孔直径、炮孔倾角、底孔间距、孔口间距、炮孔排距、炮孔排数（掏槽面积）、单位体积耗药量（单孔装药量、每米炮孔装药量）、炮泥堵塞长度等。辅助孔爆破参数主要包括辅助孔直径、辅助孔深度、单位体积耗药量（单孔装药量、每米炮孔装药量）、炮孔间排距、炮泥堵塞长度等。周边孔爆破参数选择主要包括炮孔单孔装药量、炮孔间距、炮孔密集系数（炮孔排距）、炮孔装药结构及堵塞长度等。掏槽爆破效果是决定爆破法掘岩效果，即炮孔利用率的关键，合理掏槽爆破参数应保证掏槽范围内岩石（包括槽口及槽底）都充分破碎且加强抛掷有效抛出腔体，形成足够大小空间，为后续辅助孔爆破提供有效自由面和膨胀空间；辅助孔爆破破碎掘进断面内大部分岩石，合理掏槽爆破参数应保证在掏槽爆破形成有效自由面后充分破碎岩石，形成标准抛掷并保证破碎岩石向槽腔内碎胀，应有效避免掘进面方向爆破漏斗形成及炮孔底部"岩埂"的形成。周边孔爆破应保证爆破后巷道周边平整光滑，合理周边孔爆破参数应保证相邻炮孔裂缝有效贯通，形成良好的光面爆破效果，保证光爆层切割后与围岩有效分离。

目前工程中爆破法掘岩爆破参数选择主要从经验出发，掘岩条件对爆破参数影响分析不够深入，爆破参数选取及调整缺乏合理依据。淮北矿区工程目前普遍采用的爆破掘岩主要技术特征为：风动气腿式钻孔机钻孔，装药采用直径 $\phi 27.0mm$ 的水胶炸药，掏槽一般采用一级楔形掏槽，辅助孔炮孔深度一般选择 $1500 \sim 2000mm$，炮孔利用率 75.0% 左右，每天 2 循环，月进度约 $75.0m$；如果岩石为坚硬岩，掘进速度和效率会更低。为提高掘进速度，必须采用加大炮孔深度的中深孔爆破，为此，必须选择合理爆破参数，特别是掏槽孔爆破参数，确保炮孔利用率不低于 80.0%，在增加炮孔深度的同时有效增加循环进尺。

对于中深孔爆破合理爆破参数选择，有关文献进行了相关报道，如有关文献分析了中深孔爆破炮孔深度选择方法、炮孔直径影响因素、爆破法掘进掏槽面积影响因素、岩石强度及炮孔深度对掏槽孔单位体积耗药量影响；掏槽孔倾角、掏槽孔底孔间距、孔口间距、排距确定的一般方法，掏槽孔与辅助孔合理炮孔堵塞长度确定的一般方法，掏槽爆破形成自由面大小对辅助孔爆破效果影响，合理确定辅助孔及周边孔爆破参数的分析也在有关文献中有所报道。

但以上分析报道仅是局部的，是在某一具体特殊条件下得出的，较多分析仍缺乏理论基础，甚至有些分析结果差别明显，仍不能较好应用于工程实际。

本研究在查阅大量资料、掌握已有研究基础上，结合课题组理论分析、数值模拟结果，特别是大量现场实验结果，分析得出了爆破掘进爆破参数确定的一般方法，分析了巷道断面、岩石性质等掘进条件对合理爆破参数选择的影响，在此基础上归纳总结了不同巷道断面、岩石性质等条件应选择的合理掏槽孔、辅助孔及周边孔爆破参数，以表格形式提供给工程选用，以满足工程需要。

1.2.2　掘岩机掘岩

为提高岩巷掘进速度，我国各大矿区开始采用岩巷综合掘进机掘岩，已形成年产 1000 余台掘进机加工制造能力，研制生产了 20 多种型号的掘进机，其截割功率从 30kW 到 200kW，初步形成系列化产品，尤其是近年来，我国相继开发了以 EBJ-120TP 型掘进机为代表的替代机型，基本能够满足国内半煤岩掘进机市场的需求。半煤岩掘进机以中型和重型机为主，能截割岩石硬度为 $f = 6.0 \sim 8.0$，截割功率在 120kW 以上，机重在 35t 以上，并可应用于一般软岩掘进之中。随着国内煤炭生产逐步朝向高产、高效、安全方向发展，煤矿技术设备正在向重型化、大型化、强力化、大功率和机电一体化发展。为此，国内研制了 EBZ200H 型硬岩掘进机，但国产重型掘进机与国外先进设备的差距除总体性能参数偏低外，在基础研究方面也比较薄弱，适合我国煤矿地质条件的截割、装运及行走部载荷谱没有建立，没有完整的设计理论依据，计算机动态仿真相对滞后；在元部件可靠性、控制技术、截割方式、除尘系统等核心技术方面有较大差距。为此，国内部分矿区先后引进了德国 WAV300、奥地利 AHM105、英国 MK3 型重型悬臂式掘进机，用于硬岩巷道综掘，但掘进效率仍然较低。

根据有关文献资料并结合淮北矿区工程实际来看，目前综掘机掘岩主要存在两个方面问题：

（1）硬岩综掘效率低，掘岩机破岩能力有待提升。现有综掘机破岩能力有待提升，当岩石硬度较高时，随岩石普氏系数 f 增加，机身会出现较大的振动，截割头及截齿也有较大的磨损，会在很大程度上损坏机器部件；当岩石硬度增加到一定程度，综掘机切割能力无法达到，切割速度缓慢，切割效率极低，截齿极易损坏。为提高掘岩机掘进硬岩能力，目前主要采用选择强度高的合理刀具以及采用松动爆破降低硬岩强度后进行综掘，应用于工程实践，取得较好效果。

（2）掘岩机除尘能力有待加强。岩巷综掘产尘量巨大，粉尘浓度超标十分严重。据淮北矿区测定，岩巷综掘工作面割岩时全尘和呼吸性粉尘浓度分别超标 700 和 300 多倍。给矿井的安全生产带来了巨大威胁，严重影响着职工的身心健康。为改善职工作业环境，减少职业伤害，必须解决岩巷综掘粉尘问题。从查阅资料看：淮北矿区及其他各矿区结合工程实际，采取了一些经验有益措施取得了一定效果，但进展不大。应加快研制有较好除尘能力的大功率掘岩机。

与 20 世纪 80 年代相比，岩巷掘进机械化程度变化不大，大部分岩巷仍采用炮掘方式，岩巷月进进尺普遍在 60.0m 左右，严重影响矿井建设速度和煤矿高产高效。由于存在放炮工序，掘进工作面已成为煤矿安全的重要隐患，严重影响煤矿安全生产。掘岩机综掘由于具有巷道成型好、施工质量高等优点，在煤矿开采中应用逐渐广泛。在目前采煤效率较高，掘进成为煤矿高产高效巨大瓶颈时，解决综掘存在的技术难题，改善掘进工艺，大力推进岩巷综掘技术是提高掘进速度的必由之路。

本研究针对岩石普氏系数 $f = 6.0 \sim 8.0$ 的中硬岩，提出了巷道综掘前采用深孔松动爆破减弱岩石强度，再采用综掘机掘进的方法，以提高中硬岩巷道综掘速度和效率。

1.2.3 深部巷道支护

支护作为岩巷掘进的主要工序，在循环作业中占有较长时间，是影响煤矿安全生产的最重要因素。由于巷道开挖，改变围岩应力场分布，致使围岩发生径向拉裂破坏或者剪切破坏，在巷道周围依次形成松动圈、塑性区及弹性区。锚杆（索）作为"主动"支护形式，由于成本低、施工速度快以及支护强度高已成为巷道支护的主要形式，依据松动圈厚度对围岩分类并选择相应支护机理来选择锚杆（索）及其组合支护类型的松动圈理论在工程中已得到广泛应用。为此，必须合理分析松动圈厚度。通过理论分析、数值模拟、工程实测估算松动圈厚度的方法已有诸多报道，但都存在一定局限性，如声波法、地震波法及地质雷达法操作分析复杂且成本较高，尤其是以上各种方法不能实时连续测量松动圈厚度，工程上不宜普遍推广应用。采用多点位移计实测巷道围岩位移由于操作简单方便在工程中已广泛应用，根据实测结果经验分析围岩松动圈厚度在工程中也已有应用，但量化判别围岩松动圈厚度且实时预报还未有报道。

采用多点位移计测量巷道围岩位移以及钻孔摄像观测围岩松动破碎在工程中已得到广泛应用，依此来定量分析松动圈厚度具有工程应用价值。针对深部软弱岩巷，由于巷道埋置深、围岩岩性差、巷道断面较大以及构造应力存在并常受采动影响，巷道围岩呈现大范围显著松动破碎变形及强流变性，不仅具有大松动圈厚度而且具有显著碎胀性，常规支护方法难以保持围岩稳定，大范围多次修复仍不能保持稳定，严重影响岩巷安全快速掘进，选择合理支护保持围岩稳定已成为深部软弱岩巷安全快速掘进的关键工序。根据松动圈理论选择合理支护的主要理论依据有：

（1）对于围岩松动圈厚度为 400～1000mm 较稳定围岩，选择悬吊理论。悬吊理论认为，锚杆支护作用是将巷道顶板较软弱岩层悬吊在上部稳固的岩层上，锚杆悬吊作用及其参数选择主要取决于所悬吊岩层厚度及重量。（2）对于围岩松动圈厚度为 1000～1500mm 的一般稳定围岩，选择组合拱理论。组合拱理论认为，在巷道围岩中增加预应力锚杆，在锚固区内将形成以杆体两端为端点的圆锥形分布的压应力，只要沿巷道周边安装的锚杆间距足够小，相邻锚杆的压应力椎体将相互交替，在巷道周边锚固区中部形成一个连续的压缩带（拱），合理预应力锚杆参数的选择以组合拱合理承载为基础。（3）对于松动圈厚度为 1500～2000mm 的一般不稳定围岩，选择围岩加固理论。围岩加固理论认为，锚杆不仅起到提供支护力的作用，同时可有效提升围岩力学性能，提高围岩力学参数，特别是可以显著提高围岩黏结力和内摩擦角，同时提高岩石破碎后残余黏结力和内摩擦角，从而显著提高围岩强度。（4）对于松动圈厚度为 2000～3000mm 的一般不稳定围岩，选择锚杆（索）组合支护理论。根据该机理，分析了应选择的合理锚杆、锚索支护参数，应用工程实践，取得了较好效果。对于大松动圈厚度围岩，应采用锚杆与锚索组合支护来阻止围岩"过度"破碎，保持围岩稳定。

巷道支护的悬吊理论、组合拱理论、围岩加固理论等已经比较成熟，采用这些理论选择合理支护形式及参数在工程中已经得到广泛应用，但针对大松动圈厚度的围岩，锚杆（索）组合支护理论还需进一步深入研究。本研究结合他人已有研究成果，提出了预应力锚杆（索）形成主、次压缩拱共同承载的力学机制，该理论认为，巷道开挖后，巷道围岩中先后形成塑性区（塑性硬化区、塑性软化区）、破碎区；为抑止塑性软化区向破碎区转化以及破碎围岩的过度碎胀，巷道围岩中应及时进行锚喷网初次支护，通过高强度锚杆施加高预紧力对围岩产生挤压，并借助于锚网和钢带在围岩浅部形成锚固区内压缩拱承载体，提供适当阻力，允许但限制松动圈扩展和松动范围内破碎围岩过度碎胀；锚固区外围岩松动范围扩展及破碎围岩碎胀至一定程度，布置适当预紧力长锚索于塑性区外较稳定岩层中，形成具有一定承载力的锚固区外次压缩拱承载体；主压缩拱和次压缩拱共同承载形成叠加拱承载体，使围岩松动破碎在容许临界范围内，保持破碎围岩稳定；如果叠加拱承载体强度不能有效保持围岩稳定，可通过注浆改变锚固体内外岩性，结合 U 形棚或梯形棚金属支架提供高阻力保持煤岩稳定。

深部岩巷地质条件复杂多变，构造应力变化也较频繁，淮北矿区更是如此。合理支护形式及参数的选择应根据地质条件变化进行调整，采用合理方法及判据对围岩稳定性进行及时判别并及时采用二次支护具有重要工程应用价值，特别对深部软弱围岩更是如此。对工程中常用的多点位移计实测不同时刻围岩位移进行分析，依此选择合理判据来对围岩稳定性进行及时判别、对锚杆（索）支护合理性进行评价并及时调整支护参数具有工程应用价值。

1.2.4 装岩及运输辅助工序

随着掘岩速度提高，支护工艺改进，装岩及运输辅助工序工艺必须配套，检修及维修也必须快速及时，才能保证综掘快速掘进的正规循环，形成良性流水作业。结合淮北矿区实际，装岩及运输工序只要管理到位，一般能较好满足岩巷快速掘进的要求。

岩巷掘进是系统工程，掘进、支护及装岩运输是三个重要环节，应根据正规循环作业要求，优化作业方式，合理确定各工序作业时间，紧凑安排各工序的平行或搭接时间，尽量减少关键线路关键工序作业时间，以提高综掘速度、提高掘进效率。

目前，尽管各岩石掘进巷道都在积极探索科学合理的施工组织安排，应用于工程实际并取得了一定成效，但由于掘岩及巷道支护工序有待进一步完善，目前施工组织安排仍不够合理，有待优化。

本书针对淮北矿区深部大断面岩巷具体工程实际，根据巷道围岩岩性不同，选择合理的掘岩与支护工艺，在此基础上，选择配套装岩运输工艺，优化施工组织，形成了淮北矿区深部大断面岩巷快速掘进方法。

1.3 研究内容及技术路线

1.3.1 研究内容

本研究以袁店二矿 101 采区运输上山及石门、涡北矿北四采区回风下山、许疃矿 $3_2$38 底抽巷以及 -800m 回风大巷硬岩及软岩段巷道为例，根据巷道围岩岩性变化频繁、埋置深、断面积较大的典型特征，对淮北矿区深部大断面岩巷快速掘进关键技术开展以下研究，研究内容主要包括：

（1）深部岩巷围岩破碎范围、破碎程度及碎胀变形分析；

（2）深部岩巷围岩稳定性工程判据及判别；

（3）深部岩巷合理支护及参数选择；

（4）深部中硬岩巷道深孔松动爆破与综掘合理工艺选择；

（5）深部硬岩巷道爆破法掘进合理爆破参数选择；

（6）深部大断面硬岩巷道炮掘与综掘联合掘进合理工艺选择；

（7）深部硬岩及软岩巷道快速掘进合理施工组织选择；

（8）淮北矿区大坡度综掘机研发与应用。

1.3.2 技术路线

本研究选择的技术路线如图 1-1 所示。

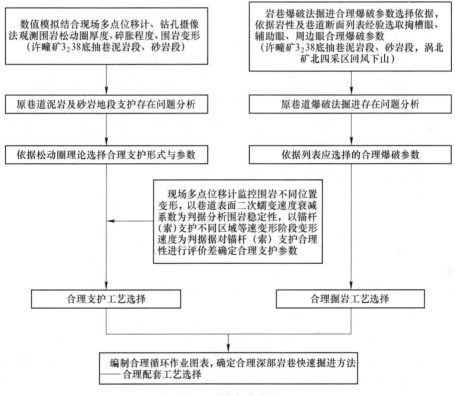

图 1-1 技术路线图

2 工 程 概 况

2.1 许疃矿 $3_2$38 底抽巷工程概况

2.1.1 巷道埋深及地质条件

巷道布置在 3_2 煤下 11~32m 的泥岩、细砂岩、粉砂岩层位。巷道施工过程中主要揭露岩层为泥岩、细砂岩、粉砂岩，其中泥岩呈深灰色，块状，参差状断口，含有少量植物根部化石碎片，较致密，底部含有少量砂质；细砂岩呈灰色，主要由石英组成，具有交错层理，硅质胶结；粉砂岩，灰色，块状，平坦状断口，局部含有少量细砂质，致密。巷道地面标高 +25.42~+25.82m，工作面标高 -657.60~-747.00m。地质柱状图如图 2-1 所示。

2.1.2 巷道支护及断面形式

本研究针对该巷道围岩性质为泥岩、砂岩地段分别开展研究，砂岩地段及泥岩地段巷道断面及支护形式分别如图 2-2 及图 2-3 所示。

2.1.2.1 支护形式

对 $3_2$38 底抽巷岩性为砂岩的断面采用锚网喷+锚索补强支护，选用直径 ϕ20mm 及长度 $L=2400$mm 型高强锚杆，间排距为 800mm×800mm。金属网选用 ϕ6mm 冷拔带肋钢筋加工，规格为 2100mm×900mm，网格 150mm×150mm。锚索选用直径 ϕ17.8mm 及长度 $l=6200$mm 的钢绞线加工，间排距 1600mm×1600mm，自巷道中顶向两帮对称布置 3 根。

对 $3_2$38 底抽巷岩性为泥岩的断面，采用复合支护+锚索补强支护，一次采用锚网喷支护，选用直径 ϕ20mm 及长度 $L=2400$mm 型高强锚杆，间排距 800mm×800mm，喷浆厚度 100mm，强度不低于 C20；二次采用锚带网喷支护，选用直径 ϕ20mm 及长度 $L=3000$mm 型高强锚杆，间排距 800mm×800mm，钢带采用 M4 型钢带，按巷道走向布置。两次支护金属网均选用 ϕ6mm 冷拔带肋钢筋加工，规格为 2100mm×900mm，网格 150mm×150mm，采用自联式连接。锚索选用直径 ϕ17.8mm 及长度 $l=6200$mm 的钢绞线加工，自中顶向两帮对称布置 3 根，间排距 1600mm×1600mm，滞后迎头施工不大于 100m。

地层单位			倾角 /(°)	煤岩层厚度 /m	岩性柱状 1:200	岩性描述
系	统	组				
二 叠 系	上 统	上 石 盒 子 组 P2ss	3～32 20	11.69～39.05 22.43		泥岩, 灰～深灰色, 含植物化石, 致密、性脆, 块状构造, 中部含2层煤线
				2.89～7.24 5.09		细砂石, 灰白色, 中厚层状, 具交错层理, 硅质胶结; 上部含泥质较多, 产植物化石碎片
				0～12.08 6.0		泥岩, 灰～灰白色, 局部含植物化石, 致密性脆, 块状结构, 水平层理, 当发育较厚时含1～2层煤线
				3.11～3.55 3.33		32煤层, 粉末～块状, 具有玻璃光泽, 条带结构。以一层至两层薄夹矸为主
				0.91～7.84 2.48		泥岩, 灰、深灰色, 块状结构较均一, 局部含细粉砂质含较多的植物根部化石
				2.89～5.64 4.16		粉砂岩, 浅灰色, 厚层, 块状, 含有植物化石碎片
				2.20～8.19 5.83		泥岩, 深灰色, 块状, 参差状断口, 含有少量植物根部化石碎片较致密, 底部含有少量砂
				2.20～15.51 7.37		细砂岩, 灰色, 主要由石英组成, 具交错层理, 硅质胶结
				1.48～10.31 4.98		泥岩, 深灰色, 块状, 具有紫色斑块, 局部含有凌铁鲕粒, 参差状断口, 致密
				1.50～10.42 1.54		泥岩, 深灰色, 块状, 具有紫色斑块, 局部含有凌铁鲕粒, 参差状断口, 致密
				2.99～20.60 11.80		粉砂, 灰色, 块状, 平坦状断口, 局部含少量砂质, 致密
				1.50～10.42 1.80		泥岩, 灰色, 厚平层, 平坦状断口, 含有少量植物茎部化石, 致密
				3.13～9.50 8.45		粉砂岩, 深灰色, 厚层状, 平坦状断口, 含有少量植物根部化石碎片, 较致密
				0.90～11.80 6.16		泥岩, 深灰色, 块状, 平坦状断口含有少量植物根部化石碎片
				4.05～12.19 8.12		粉砂岩, 深灰色, 块状, 参差状断口, 含有少量植物根部化石碎片, 较致密

图 2-1 许疃矿 $3_2$38 底抽巷地层综合柱状示意图

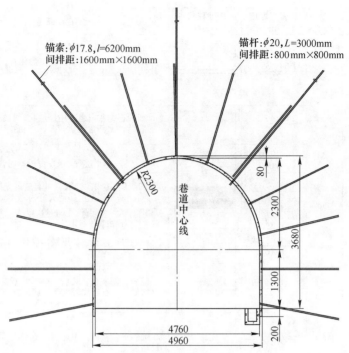

图 2-2　砂岩地段巷道断面形状及支护形式

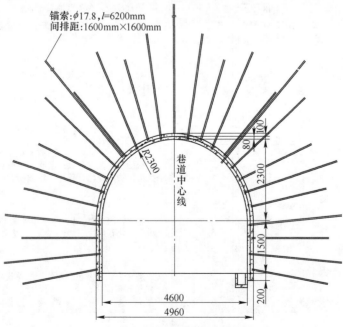

图 2-3　泥岩地段巷道断面形状及支护形式

2.1.2.2 支护参数

一次支护采用的支护参数见表 2-1，二次支护采用的支护参数见表 2-2。

表 2-1 巷道一次支护参数

巷道	断面	围岩类别	净宽×净高	锚杆		锚固长度	锚索		锚固长度
				间距×排距	材料及规格		间距×排距	材料及规格	
$3_2$38 底抽巷及联巷	半圆直墙	全岩	4.6mm×3.6m	800mm×800mm	$\phi20$ $L=2400mm$ 型高强锚杆	1000mm	1600mm×1600mm	$\phi17.8mm$ $l=6200mm$ 的钢绞线	1500mm
	铺网规格	锚固剂型号	螺母拧紧力矩	锚固力	喷浆标号	混凝土配合比	速凝剂掺入量	喷厚	锚索滞后距离
								初 / 复	
	2.1mm×0.9m	K2550\Z2550	300N·m	80kN	C20	1:2:2	3%~5%	20~30mm / 80mm、100mm	100m

表 2-2 巷道二次支护参数

巷道	断面	围岩类别	净宽×净高	锚杆		锚固长度	锚索		锚固长度
				间距×排距	材料及规格		株距×排距	材料及规格	
$3_2$38 底抽巷车场	半圆直墙	全岩	4.6mm×3.8m	800mm×800mm	$\phi20$ $L=2400mm$ 型高强锚杆 $\phi20$ $L=3000mm$ 型高强锚杆	1000mm	1600mm×1600mm	$\phi17.8mm$ $l=6200mm$ 的钢绞线	1500mm
	铺网规格	锚固剂型号	螺母拧紧力矩	锚固力	喷浆标号	混凝土配合比	速凝剂掺入量	喷厚	锚索滞后距离
								初 / 复	
	2.1×0.9m	K2550\Z2550	300N·m	80kN	C20	1:2:2	3%~5%	100mm / 180mm	100m

2.1.3　施工方法

巷道围岩性质为泥岩时采用综掘机掘进；巷道围岩性质为砂岩时采用爆破法掘进。

2.1.3.1　综掘机掘岩

（1）综掘机掘岩施工工序。综掘机掘岩施工工序如图2-4所示。

（2）工艺流程图。综掘机掘岩流程如图2-5所示。

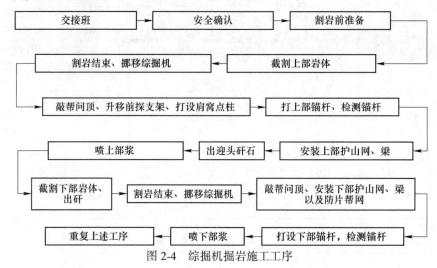

图 2-4　综掘机掘岩施工工序

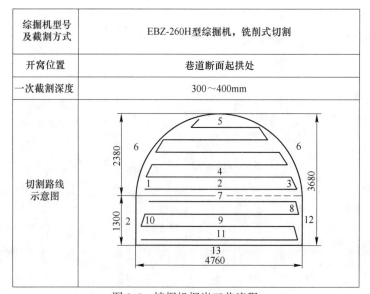

综掘机型号及截割方式	EBZ-260H型综掘机，铣削式切割
开窝位置	巷道断面起拱处
一次截割深度	300～400mm
切割路线示意图	

图 2-5　综掘机掘岩工艺流程

（3）掘进机操作顺序。启动油泵电机，打开喷雾装置，开动第一运输机与铲板部，将截割部置于水平和机器中心位置，启动截割电机，开动履带行走机构，让机器慢速推进，使截割头逐渐插入岩体，插入深度 300~400mm。推动截割部回转油缸操作手把，使截割部向左向右横扫，再推动升降油缸，使截割部向上向下截割。利用截割头上下、左右移动截割，可截割出初步断面形状，如果截割断面与实际所需的形状和尺寸有一定的差别，可进行二次修整，以达到断面尺寸要求。

（4）机器截割顺序：

1）顺序如图 2-5 所示，先在巷道断面起拱处左（或右）帮部钻进开切（工序 1），当达到预定的深度和额定速度后，沿直线横向掏槽（工序 2），开出自由面，接着上抬一定高度（工序 3），横扫切割第一条带（工序 4），重复工序 3、4 自下而上，一条带一条带地切割，直到巷道顶部，在切割上部时不出货，矸石作为打锚杆、锚索的台阶。挑顶施工（工序 5），挑顶结束后开始刷肩窝、帮（工序 6），然后找顶、打点柱、打锚杆、锚索，最后进行出矸（工序 7）。

2）出矸结束后，在巷道起拱处以下左（或右）帮部钻进开切（工序 8），当达到预定的深度和额定速度后，沿直线横向掏槽（工序 9），开出自由面，接着同施工上部一样自上而下，一条带一条带地切割至下部，大体成形后开始刷帮（工序 12），清底、出货（工序 13）。至此完成一个截割循环。

3）综掘机通过其截割头完成对岩体的截割和破碎，截割头首先在断面内挖掘一个窝槽（即截割头插入岩体中先进行扩窝），窝槽深度以半个截割头为宜。窝槽开掘工作完成后，关闭行走电机，让装载臂与刮板机工作，运走割下的岩石。截割头沿断面宽度水平摆动开掘槽，截割头移动到位后，使其升高一个距离，接着驱动截割头水平摆动，多次重复以上动作，直到完成整个断面的工作。

4）遇到岩层软硬不均时，可先截割较软岩石，再截割较硬岩石。

5）当岩石硬度系数 $f \geq 8$，且裂隙不发育，不能实现经济截割时，宜采用预裂松动爆破配合综掘机施工，不得强行截割；当岩石硬度系数 $f \geq 10$ 且裂隙不发育时，不得采用综掘机截割，必须制定炮掘方案，并另行编写施工安全技术措施。

（5）保证措施：

1）一般情况，当截割硬度较小（$f<6$）的岩石时，采用左右循环向上的截割方法。当截割岩石硬度不同时，先选择较软的岩石进行钻进，然后采用由下而上左右截割的方法；当截割岩石硬度大（$6<f \leq 10$）且为同种岩石时，应将截割

部处于水平和机器中心位置进行钻进，可根据岩石硬度和节理发育情况决定钻进深度，但最大一次钻进深度以不超过 220mm 为宜，然后截割头扩窝后再继续进行钻进。切割时截割头最大参与切割长度以不超过 700mm 为宜。但不管采用哪种方法要尽可能地参照图 2-6 所示截割。

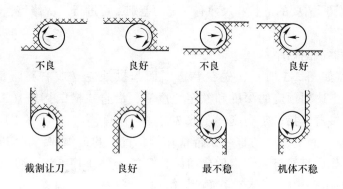

图 2-6　截割工艺

2）综掘机司机应根据岩层的变化情况及时调整截割速度，避免发生截割电机过载或压刮板输送机等现象。

3）截割头变速时，应首先截断截割电机电源，当转速几乎为 0 时，方可操作变速手柄进行变速。严禁在高速运转时变速。

4）按截割路线示意图进行截割，不得随意截割。

5）综掘机完成一个整断面截割工作后，进行二次断面修整时，严格按中腰线刷帮挑顶，先顶后帮，刷帮挑顶紧跟迎头。当岩体较松软时，综掘机截割时必须对帮、顶预留 200mm，采用手镐刷帮挑顶成型。

6）刷帮挑顶必须保证拱圆帮直，无明显的凹凸现象，钢筋网紧贴岩壁；如有不实，则必须打锚杆或喷浆充填接实；严禁空帮空顶，否则不准继续施工。

2.1.3.2　爆破法掘岩

爆破法掘岩爆破图如图 2-7 所示。

2.1.4　正规循环作业图表

巷道掘岩机掘岩及爆破法掘岩正规循环作业图分别如图 2-8 及图 2-9 所示。

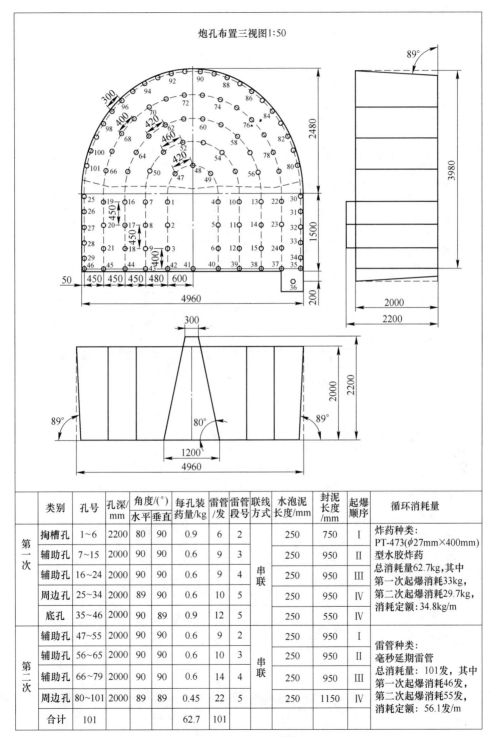

	类别	孔号	孔深/mm	角度/(°) 水平	角度/(°) 垂直	每孔装药量/kg	雷管/发	雷管段号	联线方式	水泡泥长度/mm	封泥长度/mm	起爆顺序	循环消耗量
第一次	掏槽孔	1~6	2200	80	90	0.9	6	2	串联	250	750	I	炸药种类:PT-473(ϕ27mm×400mm)型水胶炸药 总消耗量62.7kg,其中第一次起爆消耗33kg,第二次起爆消耗29.7kg,消耗定额:34.8kg/m
	辅助孔	7~15	2000	90	90	0.6	9	3		250	950	II	
	辅助孔	16~24	2000	90	90	0.6	9	4		250	950	III	
	周边孔	25~34	2000	89	90	0.6	10	5		250	950	IV	
	底孔	35~46	2000	90	89	0.9	12	5		250	550	IV	
第二次	辅助孔	47~55	2000	90	90	0.6	9	2	串联	250	950	I	雷管种类:毫秒延期雷管 总消耗量:101发,其中第一次起爆消耗46发,第二次起爆消耗55发,消耗定额:56.1发/m
	辅助孔	56~65	2000	90	90	0.6	10	3		250	950	II	
	辅助孔	66~79	2000	90	90	0.6	14	4		250	950	III	
	周边孔	80~101	2000	89	89	0.45	22	5		250	1150	IV	
	合计	101				62.7	101						

图 2-7 爆破法掘岩爆破图

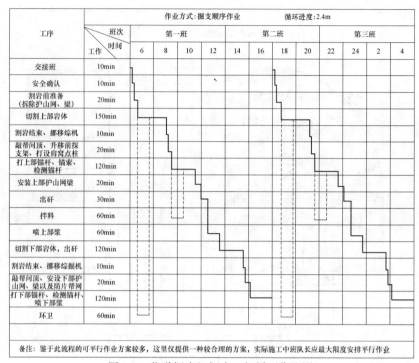

图 2-8　巷道掘岩机掘岩正规循环作业图

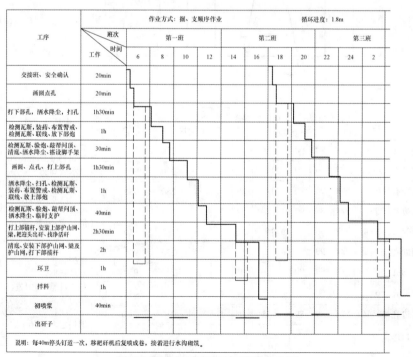

图 2-9　爆破法掘岩正规循环作业图

2.2 许疃矿-800m回风大巷工程概况

2.2.1 巷道埋深及地质条件

-800m回风大巷位于3_3采区下部，拨门于3_3采区-800运输大巷小眼处，北部到33采区回风上山，东部为-800运输大巷。全长1511.571m，地面标高+25.25~+25.60m，工作面标高-773.80~-792.50m，地面为农田和芦大营村。

巷道施工段岩层总体为走向南北，向东倾斜的单斜构造，倾角为0°~10°，平均倾角5°。3_2煤层属于二迭系上统上石盒子组，下距K3砂岩60~90m。煤岩特征：黑色，玻璃光泽，由亮煤和半亮煤组成。巷道布置在3_2煤下17~48m的泥岩、细砂岩、粉砂岩层位。巷道施工过程中主要揭露岩层为泥岩、细砂岩、粉砂岩等。

-800m回风大巷地层综合柱状图如图2-10所示。

2.2.2 巷道断面及支护形式

该巷道主要断面如图2-11所示。

2.2.2.1 支护形式

断面选用直径$\phi 22$mm，长度$L = 2600$mm型高强锚杆，间排距为700mm×700mm。金属网选用$\phi 6$mm冷拔带肋钢筋加工，规格为2300mm×850mm，网格150mm×150mm，采用自联式连接。锚索选用直径$\phi 22$mm，长度$l = 7300$mm钢绞线加工，间排距1600mm×1400mm，滞后迎头施工不大于70m，当顶板岩石破碎、遇断层等特殊地段时，锚索紧跟迎头，滞后迎头不大于5m。如果需要注浆时，注浆浆液采用单液水泥浆，水泥采用P.O42.5级普通硅酸盐水泥。注浆使用"注锚装置"配合支护锚杆、锚索使用，锚杆自中顶向两帮间隔一根加设注浆套管，锚杆间隔一排加设一排注浆套管；锚索全部使用注浆管套。

2.2.2.2 支护参数

支护参数见表2-3。

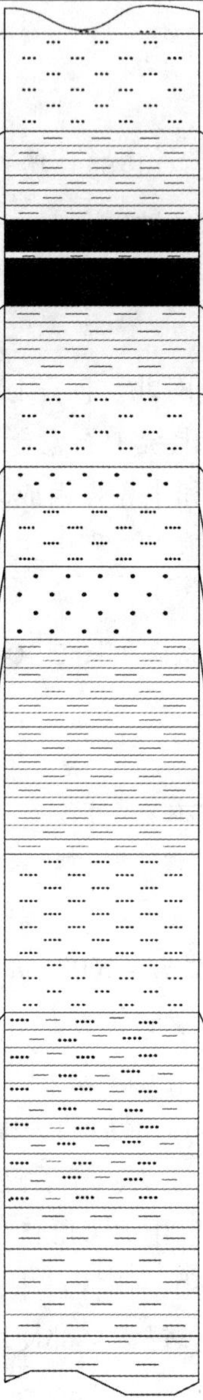

地层单位			倾角 /(°)	煤岩层厚度 /m	岩性柱状 1:200	岩性描述
系	统	组				
二 选 系	上 统	上 石 盒 子	5~10 / 5	2.25~7.43 / 3.20		细砂岩，灰色，细粒，主要矿物成分为石英、长石，钙质胶结，斜层理，分选性较差，局部夹薄层粉砂岩条带
				3.38~5.65 / 3.00		泥岩，深灰色，块状，局部含大量植物化石碎片，平坦状断口
				2.48~4.35 / 3.20		32煤，黑色，碎块~粉末状，条带状结构，以亮煤为主，玻璃光泽，次为暗煤，属半亮煤，以一层薄夹矸为主
				1.60~4.35 / 2.50		泥岩，灰色，泥质结构，质纯细腻，厚层块状，含较多的植物化石碎片
				0~4.35 / 1.45		细砂岩，浅灰~灰白色，主要白石英组成，含暗色矿物，局部含少量植物根部化石，成结合状，致密性脆
				1.10~2.10 / 1.10		砂岩，浅灰白色，细~中粒结构，分选好成分以石英为主，含较多长石，发育交错层理，硅质胶结，致密，坚硬
				0~4.10 / 1.36		粉砂岩，灰色，上部含泥质；下部含细砂质，具少量植物根茎化石，发育隐水平层层理构造
				0~4.90 / 1.63		砂岩，浅灰白色，细~中粒结构，分选好，成分以石英为主，含较多长石，发育交错层理，硅质胶结，致密，坚硬
				2.58~17.93 / 9.75		泥岩，灰~深灰色，泥质结构，具团块结构致密，性脆
				1.92~7.09 / 4.57		粉砂岩，浅灰白色，细~中粒结构，分选好成分以石英为主，含较多长石，发育交错层理，硅质胶结，致密，坚硬
				0~6.41 / 2.10		细砂岩，灰色，细砂结构，成分以石英为主，含较多暗色矿物，块状构造，硅质胶结
		山 西 组		0~17.62 / 10.00		砂泥岩互层
				15.4~20.00 / 17.00		泥岩，灰色，块状和鲕粒状、含少量粉砂质和大量紫色花斑

图 2-10　-800m 回风大巷地层综合柱状示意

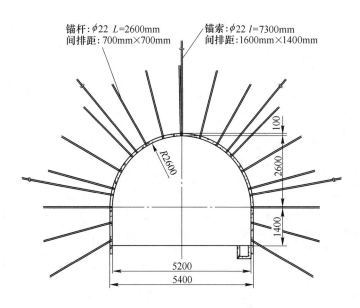

图 2-11　巷道断面图

表 2-3　支护参数

巷道	断面	围岩类别	净宽×净高	锚杆			锚索		
				间距×排距	材料及规格	锚固长度	间距×排距	材料及规格	锚固长度
−800回风大巷及联巷	半圆直墙	全岩	5.2mm×4.0mm	700mm×700mm	ϕ22 L=2600mm	1000mm	1600mm×1400mm	ϕ22mm l=7300mm 钢绞线	1500mm
	铺网规格	锚固剂型号	螺母拧紧力矩	锚固力	喷浆标号	混凝土配合比	速凝剂掺入量	喷厚	锚索滞后距离
								初	复	
	2.3m×0.85m	K2550 Z2550	300N·m	80kN	C20	1:2:2	3%～5%	20～30mm	100mm	70m

2.2.3　施工方法

本研究针对该巷道泥岩段爆破法施工工艺开展研究，拟采用的爆破图如图 2-12 所示。

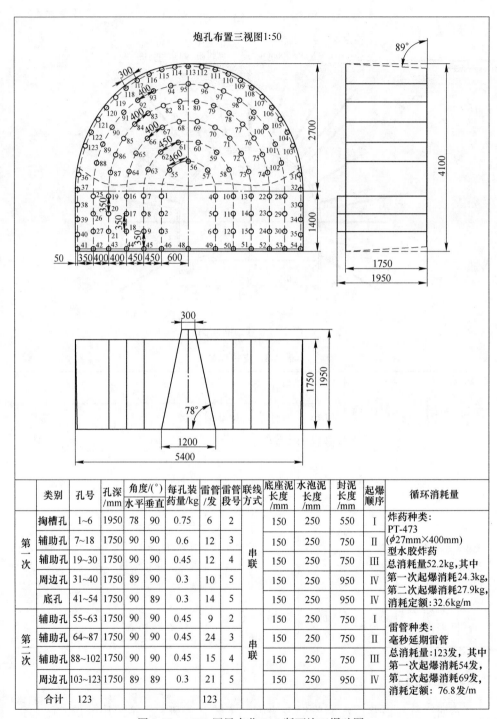

类别		孔号	孔深/mm	角度/(°) 水平	角度/(°) 垂直	每孔装药量/kg	雷管/发	雷管段号	联线方式	底座泥长度/mm	水泡泥长度/mm	封泥长度/mm	起爆顺序	循环消耗量
第一次	掏槽孔	1~6	1950	78	90	0.75	6	2	串联	150	250	550	I	炸药种类: PT-473 (φ27mm×400mm) 型水胶炸药 总消耗量52.2kg,其中 第一次起爆消耗24.3kg, 第二次起爆消耗27.9kg, 消耗定额:32.6kg/m
	辅助孔	7~18	1750	90	90	0.6	12	3		150	250	750	II	
	辅助孔	19~30	1750	90	90	0.45	12	4		150	250	750	III	
	周边孔	31~40	1750	89	90	0.3	10	5		150	250	950	IV	
	底孔	41~54	1750	90	89	0.3	14	5		150	250	950	IV	
第二次	辅助孔	55~63	1750	90	90	0.45	9	2	串联	150	250	750	I	雷管种类: 毫秒延期雷管 总消耗量:123发,其中 第一次起爆消耗54发, 第二次起爆消耗69发, 消耗定额:76.8发/m
	辅助孔	64~87	1750	90	90	0.45	24	3		150	250	750	II	
	辅助孔	88~102	1750	90	90	0.45	15	4		150	250	750	III	
	周边孔	103~123	1750	89	90	0.3	21	5		150	250	950	IV	
	合计	123					123							

图 2-12 −800 回风大巷 2−2 断面施工爆破图

2.2.4　正规循环作业图表

-800m回风大巷炮掘施工正规循环作业图如图2-13所示。

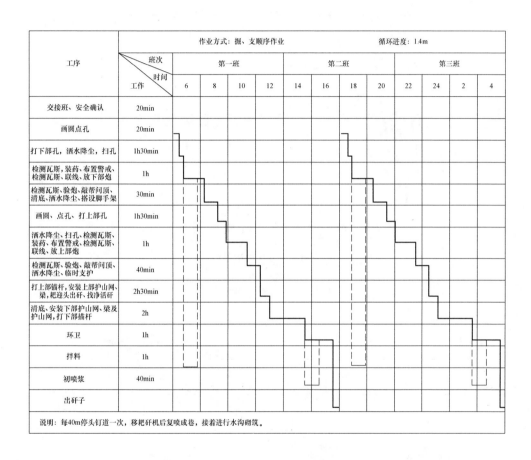

工序	工作时间	作业方式：掘、支顺序作业								循环进度：1.4m			
		第一班				第二班				第三班			
		6	8	10	12	14	16	18	20	22	24	2	4
交接班、安全确认	20min												
画圆点孔	20min												
打下部孔，洒水降尘、扫孔	1h30min												
检测瓦斯、装药、布置警戒、检测瓦斯、联线、放下部炮	1h												
检测瓦斯、验炮、敲帮问顶、清底、洒水降尘、搭设脚手架	30min												
画圆、点孔、打上部孔	1h30min												
洒水降尘、扫孔、检测瓦斯、装药、布置警戒、检测瓦斯、联线、放上部炮	1h												
检测瓦斯、验炮、敲帮问顶、洒水降尘、临时支护	40min												
打上部锚杆，安装上部护山网、梁、耙迎头出矸、找净活矸	2h30min												
清底、安装下部护山网、梁及护山网，打下部锚杆	2h												
环卫	1h												
拌料	1h												
初喷浆	40min												
出矸子													
说明：每40m停头钉道一次，移耙矸机后复喷成巷，接着进行水沟砌筑。													

图2-13　-800回风大巷炮掘施工正规循环作业图

2.3　袁店二矿101采区运输上山及石门工程概况

2.3.1　巷道布置及埋深

袁店二矿101采区运输上山及石门是主要用于煤矿运输的穿层巷道，设计全长979.0m，底板标高在-532.448～-523.023m之间，埋深约530.0m。位于83采区北侧，北邻81采区瓦斯泵站及南翼回风大巷，南邻83采区。巷道位于7211采空区下方，巷道平面布置以及剖面图如图2-14、图2-15所示。

101采区运输石门、运输上山布置平面图

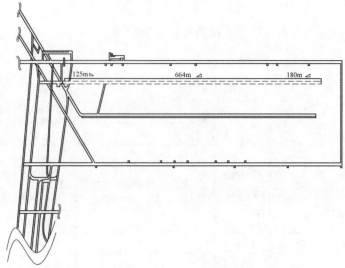

图 2-14　101 采区运输石门及运输上山平面布置图

101采区运输石门、运输上山预想剖面图

比例尺 1:1000

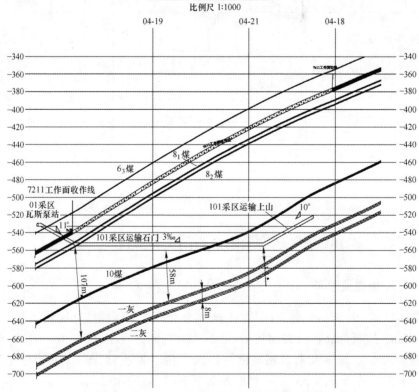

图 2-15　101 采区运输石门及运输上山剖面图

2.3.2 巷道围岩岩性

在掘进过程中，巷道揭露岩性主要为 6_3 煤、7_2 煤、8_1 煤、8_2 煤、10 煤顶底板，呈现为泥岩、细砂岩、粉砂岩。具体情况为：巷道拨门处施工层位于 7_2 煤顶板 26m 左右，巷道底板距离 6_3 煤顶板 7m 左右。巷道按拨门后，按 3‰上坡施工 10m 左右，改为 11°下山施工，向前掘进 125m 左右变平，巷道施工过程中向下穿层掘进，先后穿过 6_3 煤、7_2 煤、8_1 煤、8_2 煤及 10 煤。变平施工至 10 煤底板 20m 左右时，巷道将改为 10°上山施工，巷道掘进过程中将穿层揭露 7_2 煤、8_1 煤及 8_2 煤和 10 煤顶底板。根据勘探报告和现有地质资料分析，该施工区段未发育断层。主要岩层地质柱状图如图 2-16 所示。

粉砂岩		1.92～2.89	2.30	灰色，深灰色，粉砂质结构，下部夹深灰色泥岩条带，呈互层状，水平层理较发育，裂隙发育，岩芯破碎
细砂岩		1.03～1.79	1.05	浅灰色，细粒砂质结构，成分石英为主，裂隙发育
泥岩		3.10～4.65	3.87	灰～深灰色，泥质结构，块状构造，裂隙发育，岩芯破碎
细砂岩		4.05～4.79	4.37	浅灰色，细粒砂质结构，成分石英为主，裂隙发育
泥岩		4.15～6.0	5.07	深灰色，泥质结构，层状构造，含植物化石碎片，致密细腻，断口平坦，层面见黄铁矿晶体
粉砂岩		2.65～4.50	3.62	灰色，深灰色，粉砂质结构，下部夹深灰色泥岩条带，呈互层状，水平层理较发育，裂隙发育，岩芯破碎
泥岩		5.87～7.55	6.3	灰～深灰色，泥质结构，层状构造，含植物化石碎片，致密细腻，断口平坦
细砂岩		10.12～11.4	10.45	浅灰色，细粒砂质结构，成分石英为主，裂隙发育
粉砂岩		4.35～9.26	6.81	灰色，深灰色，粉砂质结构，下部夹深灰色泥岩条带，呈互层状，水平层理较发育，裂隙发育，岩芯破碎
细砂岩		3.15～21.44	12.29	灰色，细粒结构，成分以石英为主，长石次之，含暗色岩屑，分选差，次圆状，间夹泥岩薄层，局部具有水平层里，层面含炭屑，纵裂隙发育

图 2-16 地质柱状图

2.3.3　巷道断面及永久支护

如图 2-17 所示，巷道断面为直墙半圆拱形，直墙的宽×高 = 6.0m×1.2m，半圆拱半径为 3.0m，巷道断面积为 35.46m^2。主要采用锚网索喷支护，由于该地域地质构造复杂，直墙半圆拱形断面采用锚杆—锚索—网喷的联合支护方式，并采用 C20 的混凝土喷洒成巷，喷厚 150mm。锚杆选用 ϕ20mm×2400mm 左旋高强螺纹钢锚杆，托盘 150mm×150mm，厚 10mm，每根锚杆使用 2 卷 Z2550 树脂锚固剂，间排距为 700mm×700mm，矩型布置，锚固力不小于 10t，扭矩不小于 300N·m；锚索 ϕ17.8mm×6300mm，间排距为 2000mm×2000mm，托盘 300mm×300mm，厚 10mm，每根锚索使用 4 卷树脂锚固剂（前两支用 K2535 型，后两支用 Z2535 型），锚索锚固力不小于 200kN，张拉力预紧力控制在 120kN；金属网采用 ϕ（6.0~80）mm×80mm，长 1800mm、宽 900mm，钩环相连，环环必扣；具体的支护参数见表 2-4。锚杆（索）的力学参数及强度见表 2-5。

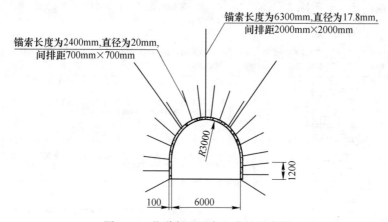

图 2-17　巷道断面及永久支护示意图

表 2-4　巷道断面及支护参数

断面形状	直墙半圆拱	断面尺寸	4200mm×6000mm	围岩类别	泥岩、粉砂岩
锚杆参数	ϕ20×2400mm	锚固力	10t	间排距	700mm×700mm
锚索参数	ϕ17.8×6300mm	锚固力	20t	间排距	2000mm×2000mm
金属网	1800mm×900mm	喷浆强度	C20	喷厚	100mm

表 2-5　锚杆（索）力学参数

类型	尺寸/mm	弹性模量/GPa	屈服荷载/kN	屈服强度/MPa	极限承载力/kN	抗拉强度/MPa	伸长率/%
锚杆	ϕ20×2400	2.45	106	345	160	510	20
锚索	ϕ17.8×6300	46.5	335	1347	460	1860	4

2.3.4　掘进工艺概述

根据围岩地质条件变化，该巷道掘进主要采用两种方式：当岩性为软岩或者中硬岩石时，采用综掘机掘进；当遇硬岩时，松动爆破后再采用综掘机装岩运输。采用 EBZ-318H 型综掘机，配合 7665MZ 型凿岩机、MQT-120S 型锚杆钻机以及其他设备进行同时施工。

第一种方案掘进工艺为：割岩→敲帮问顶、打设临时点柱→点上部锚杆孔位→挂网、打上部锚（索）杆→挂安全防护网→打设抗头梁→出矸→点帮部锚杆孔位→挂网、打帮部锚杆→初喷混凝土（厚度50mm）→复喷（厚度100mm）→洒水养护。

第二种方案掘进工艺为：交接班、安全确认→敲帮问顶→看线、画圆、点孔→打下部孔→装药、放炮→通风、洒水、验炮→敲帮问顶→打上部孔→装药、放炮→通风、洒水、验炮→敲帮问顶→打点柱临时支护→挂安全防护网→打设抗头梁→打顶锚（索）杆、挂网→出矸→刷帮→打帮锚杆孔、挂网→初喷混凝土（厚度50mm）→复喷（厚度100mm）→洒水养护。

2.3.5　掘进机掘岩及爆破掘岩工艺

2.3.5.1　掘进机掘岩工艺

综掘机掘进过程中，要先软后硬，由下而上。掘进机通过其截割头完成对岩体的截割和破碎，首先在断面的左下面钻进开切，当达到预定的给进速度后，沿底板横掏槽，开出一个下方自由面，接着上排一定步距，横扫切割第一条带，重复自下而上，一条带一条带地切割，直到巷道顶部，挑顶，刷帮，清底和挖柱窝，完成一个截割循环。

综掘机掘岩示意如图 2-18 所示。

2.3.5.2　爆破掘岩

当岩石硬度 $f \geqslant 8.0$ 时，采用爆破掘岩。选用 7665 型气腿式凿岩机，B22mm 中空六棱钢钎配 ϕ32mm 柱型"+"字合金钢钎头钻孔，炮孔直径取为 32mm。选用集团公司雷鸣科化公司生产的 PT-473 型矿用水胶炸药，规格 ϕ27mm×400mm，0.33kg/卷。雷管为集团公司雷鸣科化公司生产的 I-IV 段钢性雷管。MFB-200 型发爆器起爆。设计爆破图表如图 2-19 所示，与设计爆破图表有差别，实际采用的爆破图表如图 2-20 所示。由于巷道断面较大，炮孔数目较多，发爆器起爆能力有限，不能做到全断面一次起爆，为此，将整个断面直墙部分下部孔和半圆拱上部孔分次起爆。先起爆下部孔，再在爆堆上打上部孔后，起爆上部炮孔。

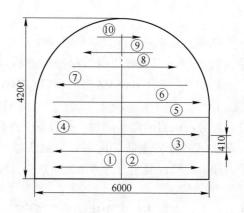

图 2-18　综掘机掘岩示意图

2.3.6　临时支护

临时支护形式采用 6 根液压单体支柱、2 道护山梁以及护山网构成。液压单体支柱使用时必须戴帽，点柱帽规格为 400mm×300mm×50mm 优质木材做成。施工时支柱应落在实矸上，柱帽必须紧贴顶板，并用木楔打上劲，下部接底要垫木板或枕木，支柱必须按规定架设，等间距对称布置，间距误差不大于 100mm，具体示意如图 2-21 所示。迎头山墙的护山网采用 ϕ10mm 强力阻燃材料绳编制加工，周边网绳 ϕ18mm，护山网采用长度为 500mm 插杆固定，周边插杆间距 300~500mm；抗头梁为梯子梁，采用 2in 钢管焊接加工，使用 ϕ20mm×2400mm 的锚杆沿巷道中线对称布置固定。护山网及护山梁示意如图 2-22 所示。

永久支护按设计方案进行，确保锚杆（索）锚固力及预紧力符合设计要求，锚杆（索）长度、间排距、材质等参数符合设计要求，锚喷质量等符合设计要求。装岩运输等辅助工艺按规定的要求进行。

2.3.7　循环组织

2.3.7.1　软岩综掘

采用"三八"制作业，循环方式为：采用割岩与锚杆（索）支护顺序作业，喷浆支护滞后迎头 20~40m，与迎头割岩和锚杆（索）工序平行作业，以提高进尺速度，正常情况下每循环进度为两排 1.4m。正规循环作业图见图 2-23。

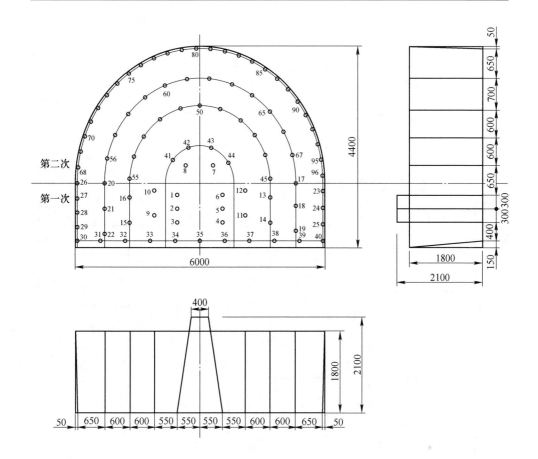

爆破说明书

	类别	孔号	孔深/m	角度/(°) 水平	角度/(°) 垂直	每孔装药量/卷	使用雷管/发	封泥长度/m	联线方式	起爆顺序
第一次	掏槽孔	1~6	2.1	90	81	直径φ27长度400mm 水胶炸药3.0卷	6	≥0.5	串并联	I
	辅助孔	7~22	1.8	90	90	直径φ27长度400mm 水胶炸药2.0卷	16	≥0.5		II
	周边孔	23~29	1.8	89	89	直径φ27长度400mm 水胶炸药2.0卷	7	≥0.5		III
	底孔	30~40	1.8	85	90	直径φ27长度400mm 水胶炸药3.0卷	11	≥0.5		V
第二次	辅助孔	41~67	1.8	90	90	直径φ27长度400mm 水胶炸药2.0卷	26	≥0.5		I
	周边孔	68~96	1.8	89	89	直径φ27长度400mm 水胶炸药2.0卷	32	≥0.5		II
说明：装药量要根据围岩变化及时作出调整。										

图2-19 设计爆破图

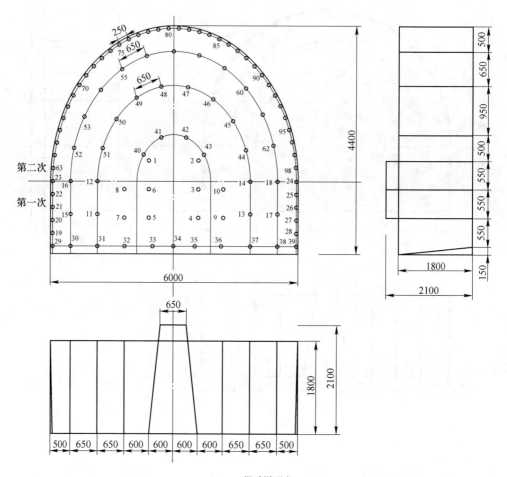

爆破说明书

	类别	孔号	孔深/m	角度/(°)		每卷装药量/卷	使用雷管/发	封泥长度/m	联线方式	起爆顺序
				水平	垂直					
第一次	掏槽孔	1~6	2.1	90	81	直径φ27长度400mm 水胶炸药3.0卷	6	≥0.5	串并联	I
	辅助孔	7~18	1.8	90	90	直径φ27长度400mm 水胶炸药2.0卷	12	≥0.5		II
	周边孔	19~28	1.8	89	89	直径φ27长度400mm 水胶炸药2.0卷	10	≥0.5		III
	底孔	30~39	1.8	85	90	直径φ27长度400mm 水胶炸药3.0卷	10	≥0.5		V
第二次	辅助孔	40~62	1.8	90	90	直径φ27长度400mm 水胶炸药2.0卷	23	≥0.5		I
	周边孔	63~98	1.8	89	89	直径φ27长度400mm 水胶炸药2.0卷	36	≥0.5		II
说明：装药量要根据围岩变化及时作出调整。										

图 2-20 实际爆破图

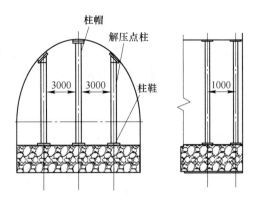

图 2-21　液压单体支柱示意图

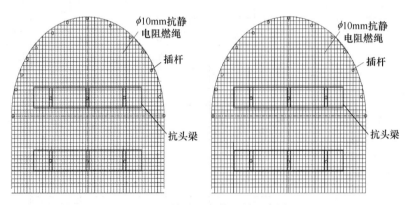

图 2-22　护山网、护山梁示意图

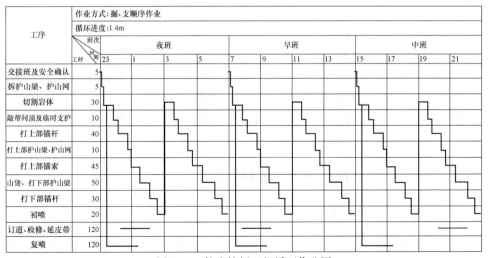

图 2-23　软岩综掘正规循环作业图

2.3.7.2 硬岩炮掘

由于本巷道断面大，不能做到全断面一次爆破，因此，采用 2.2 节掘进工艺中所述的第二种掘进方案，分 2 次起爆，起爆下部孔后，再起爆上部孔。由于爆破设计不合理，循环进尺仅为 1.0 左右，正规循环作业图见图 2-24。

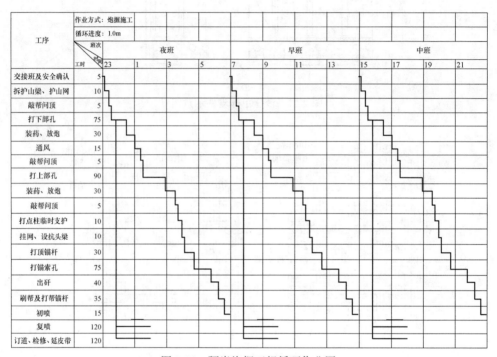

工序	作业方式：炮掘施工 循环进度：1.0m 工时					夜班				早班				中班			
		23	1	3	5	7	9	11	13	15	17	19	21				
交接班及安全确认	5																
拆护山梁、护山网	10																
敲帮问顶	5																
打下部孔	75																
装药、放炮	30																
通风	15																
敲帮问顶	5																
打上部孔	90																
装药、放炮	30																
敲帮问顶	5																
打点柱临时支护	10																
挂网、设抗头梁	10																
打顶锚杆	30																
打锚索孔	75																
出矸	40																
刷帮及打帮锚杆	35																
初喷	15																
复喷	120																
订道、检修、延皮带	120																

图 2-24　硬岩炮掘正规循环作业图

岩性为软弱泥岩时，采用 EBZ-318H 综掘机掘进施工；当岩性为硬质砂岩时，采用放炮掘进施工。工程实测及有关文献资料表明：软岩综掘时巷道支护工序作业时间占整个循环时间 30% 左右；硬岩炮掘时放炮工序和支护工序作业时间分别占整个循环时间 50% 和 30% 左右。减少放炮工序以及支护工序时间对于提高掘进速度有工程实际价值。本研究主要从支护及放炮工艺出发，确定最合理的支护和放炮工艺及作业时间，提高掘进速度及效益。

2.4 涡北矿北四采区回风下山工程概况

2.4.1 巷道埋深及地质条件

该掘进巷道主要施工层位为 4 煤底、5 煤及其顶底板、6 煤及其顶底板、8 煤顶底板，揭露主要岩性为泥岩、粉~中粒砂岩。地面标高为 30.1~30.8m，工作面标高为-732.0～-990.0m。巷道周围地质柱状图如图 2-25 所示。本研究针对巷道围岩性质为砂岩地段进行研究。

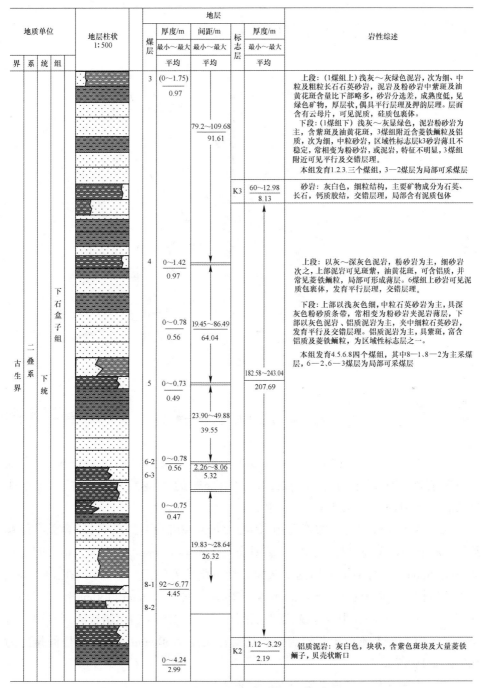

地质单位				地层柱状	地层					岩性综述
				1:500	煤层	厚度/m	间距/m	标志层	厚度/m	
界	系	统	组			最小～最大 平均	最小～最大 平均		最小～最大 平均	
古生界	二叠系	下统	下石盒子组		3	(0～1.75) 0.97	79.2～109.68 91.61			上段：(1煤组上)浅灰～灰绿色泥岩,次为细、中粒及粗粒长石石英砂岩,泥岩及粉砂岩中紫斑及油黄斑含量比下部略多,砂岩分选差,成熟度低,见绿色矿物,厚层状,偶具平行层理及押韵层理。层面含有云母片,可见泥质,硅质包裹体。 下段：(1煤组下)浅灰～灰显花绿色,泥岩显花绿色,含紫斑及油黄斑,3煤组附近含菱铁鲕粒及铝质,次为细、中粒砂岩,区域性标志层k3砂岩薄且不稳定,常相变为粉砂岩,或泥岩,特征不明显,3煤组附近可见平行及交错层理。 本组发育1.2.3.三个煤组,3—2煤层为局部可采煤层
								K3	60～12.98 8.13	砂岩：灰白色,细粒结构,主要矿物成分为石英、长石,钙质胶结,交错层理,局部含有泥质包体
					4	0～1.42 0.97			182.58～243.04 207.69	上段：以灰～深灰色泥岩,粉砂岩为主,细砂岩次之,上部泥岩可见斑纹,油黄斑点,可含铝质,并常见菱铁鲕粒,局部可形成薄层,6煤组上砂岩可见泥质包裹体,发育平行层理,交错层理。 下段：上部以浅灰色细,中粒石英砂岩为主,具深灰色粉砂质条带,常相变为粉砂岩夹泥岩薄层,下部以灰色泥岩、铝质泥岩为主,夹中粒细石英砂岩,发育平行及交错层理。铝质泥岩为主,具紫斑,富含铝质及菱铁鲕粒,为区域性标志层之一。 本组发育4.5.6.8四个煤组,其中8—1.8—2为主采煤层,6—2.6—3煤层为局部可采煤层
						0～0.78 0.56	19.45～86.49 64.04			
					5	0～0.73 0.49				
							23.90～49.88 39.55			
					6-2 6-3	0～0.78 0.56	2.26～8.06 5.32			
						0～0.75 0.47				
							19.83～28.64 26.32			
					8-1 8-2	92～6.77 4.45				
						0～4.24 2.99		K2	1.12～3.29 2.19	铝质泥岩：灰白色,块状,含紫色斑块及大量菱铁鲕子,贝壳状断口

图 2-25 北四采区回风下山地层综合柱状示意图

2.4.2 巷道断面及支护形式

如图 2-26 所示，巷道设计为直墙半圆拱形，支护形式为锚网喷注。对于围岩岩性较好的砂岩地段，采用"锚网喷注"支护形式。

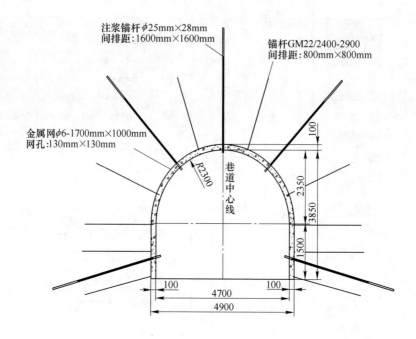

图 2-26　巷道断面及支护示意图

（1）支护形式。支护锚杆 GM22/2400-490，间排距 800mm×800mm，全断面铺设钢筋网。注浆锚杆采用 $\phi25mm×2800mm$ 的中空螺纹钢锚杆，间排距 1600mm×1600mm，初喷 50mm，复喷 50mm。

（2）支护材料。支护锚杆选用 GM22/2400-490 高强锚杆，材质为无纵筋螺纹钢式树脂锚杆金属杆体，锚杆托盘型号为 10mm×150mm×150mm，锚杆间排距 800mm×800mm，每根锚杆用两支 Z2950 型树脂药卷锚固；金属网采用 $\phi6.0mm$ 螺纹钢制作，规格为长×宽＝1700mm×1000mm，网孔 130mm×130mm；注浆锚杆选用 $\phi25mm×2800mm$ 中空螺纹钢注浆锚杆，一卷 Z2950 型树脂锚固剂端锚，每个孔口采用 2 卷快硬水泥药卷封孔，且封孔长度 ≥500mm，注浆锚杆间排距为 1600mm×1600mm。

（3）支护参数。巷道采用的支护参数见表 2-6。

表 2-6 巷道支护参数

巷道名称	断面形状	围岩类别	净高/mm	净宽/mm	钢筋网规格/mm	锚固剂型号	扭矩/N·m	锚固力/kN
北四采区回风下山	直墙半圆拱	砂岩	3850	4700	1700×1000	Z2950	≥300	80

锚杆材料	锚杆规格	间距/mm	排距/mm	锚固长度/mm	排列形状	喷浆强度	混凝土配合比	水灰比
无纵筋螺纹钢式树脂锚杆金属杆体	GM22/2400—490	800	800	1000	正方形	C20	1:2:2	0.57:1

速凝剂掺入量/%	喷厚/mm		注浆锚杆			
	初喷	复喷	注浆锚杆规格/mm	间距/mm	排距/mm	注浆终压/MPa
3	30	70	φ25×2800	1600	1600	2

2.4.3 施工方法

巷道围岩性质为砂岩时主要采用爆破法掘进，施工顺序如图 2-27 所示。

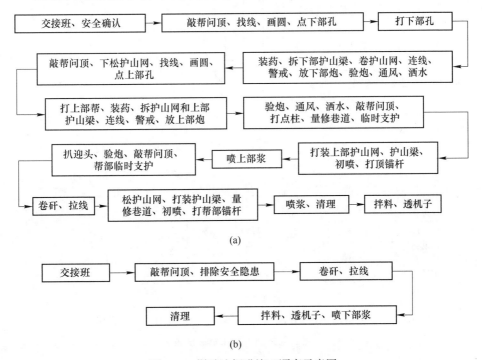

(a)

(b)

图 2-27 爆破法掘进施工顺序示意图
（a）爆破法掘进施工顺序；（b）喷浆班施工顺序

北四采区回风下山爆破法掘进采用的爆破图如图 2-28 所示。

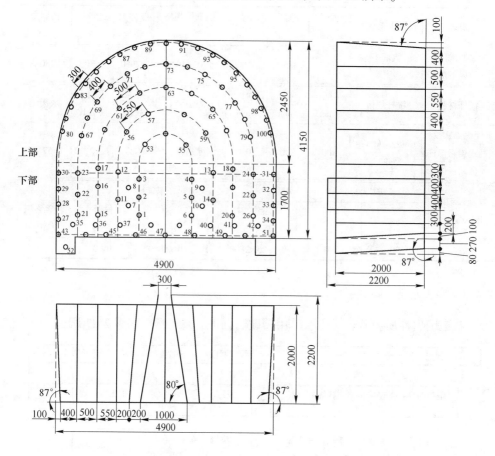

分次	类别	孔号	孔深/m	角度/(°)		每孔装药量/kg	使用雷管/发	雷管段别	封泥长度/m	联线方式	起爆顺序	消耗量
				水平	垂直							
下部	掏槽孔	1~6	2.2	81	90	0.88	6	2	≥0.5	串联	I	循环进尺：1.8m 炸药种类：PT-473水胶炸药 下部循环消耗量：30.02kg 下部消耗定额：16.68kg/m 上部循环消耗量：20.84kg 上部消耗定额：11.58kg/m
	辅助孔	7~14	2.0	90	90	0.59	8	3	≥0.5		II	
	辅助孔	15~26	2.0	90	90	0.59	12	4	≥0.5		III	
	周边孔	27~34	2.0	87	90	0.29	8	5	≥0.5		IV	
	底孔	35~52	2.0	90	87	0.59	18	5	≥0.5		IV	
上部	辅助孔	53~57	2.0	90	90	0.59	5	2	≥0.5	串联	I	雷管种类：毫秒延期电雷管 下部循环消耗量：52发 下部消耗定额：28.89发/m 上部循环消耗量：46发 上部消耗定额：25.56发/m
	辅助孔	58~64	2.0	90	90	0.59	7	3	≥0.5		II	
	辅助孔	65~77	2.0	90	90	0.59	13	4	≥0.5		III	
	周边孔	78~98	2.0	90	87	0.29	21	5	≥0.5		IV	
	合计	98				50.86	98					

注：当迎头岩性发生变化时及时调整打孔、装药等爆破参数，达到光面爆破质量要求。

图 2-28 北四采区回风下山爆破法掘进爆破图

正规循环作业图见图 2-29。

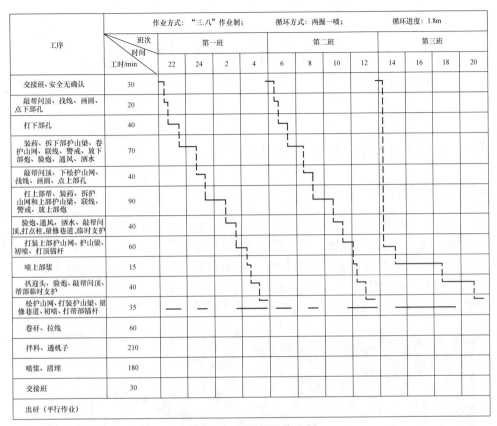

工序	工时/min	第一班				第二班				第三班			
		22	24	2	4	6	8	10	12	14	16	18	20
交接班、安全无确认	30												
敲帮问顶、找线、画圆、点下部孔	20												
打下部孔	40												
装药、拆下部护山梁、卷护山网、联线、警戒、放下部炮、验炮、通风、洒水	70												
敲帮问顶、下松护山网、找线、画圆、点上部孔	40												
打上部帮、装药、拆护山网和上部护山梁、联线、警戒、放上部炮	90												
验炮、通风、洒水、敲帮问顶、打点柱、量修巷道、临时支护	40												
打装上部护山网、护山梁、初喷、打顶锚杆	60												
喷上部浆	15												
扒迎头、验炮、敲帮问顶、帮部临时支护	40												
松护山网、打装护山梁、量修巷道、初喷、打帮部锚杆	35												
卷矸、拉线	60												
拌料、透机子	210												
喷浆、清理	180												
交接班	30												
出矸（平行作业）													

作业方式："三·八"作业制；　循环方式：两掘一喷；　循环进度：1.8m

图 2-29　正规循环作业图

3 巷道围岩力学性质测定

3.1 巷道围岩力学性质实验室测定

3.1.1 标准试件加工

为满足实验要求，将现场取芯试样切割磨平成符合要求的标准试件，进行岩石物理参数、岩石抗压强度、岩石黏结力 c 与内摩擦角 φ 测定。标准试件尺寸为 $\phi50mm\times10mm$ 的圆柱体，辟裂法检测抗拉强度标准试件尺寸为 $\phi50mm\times10mm$ 圆盘。所用 XGDQ-4 型岩石切割机及岩石切片机如图 3-1 所示，SCM200B 双端面磨平机如图 3-2 所示，加工成的标准试件如图 3-3 所示。

(a)　　　　　　　　　　　　　　　　(b)

图 3-1　岩石切割及简易切片机

（a）XGDQ-4 型岩石切割机；（b）岩石切片机

3.1.2 岩石抗压强度测定

3.1.2.1 实验方法

针对巷道顶底板常见不同岩性，每种岩性取一组试块，每组试块取 3 块。采用如图 3-4 所示的 TAW-2000 型微机控制电液伺服岩石三轴剪切复合试验机进行岩石单轴抗压强度及相应弹性模量与泊松比测定。试验机主要由主机、伺服油源、三轴压力室、围压系统、计算机测控系统等部分组成，采用先进的计算机数字控制系统，试验过程中能够自动精确地控制及显示试验力、轴向变形、径向变形等，可精确地绘出岩石全过程曲线，实时动态显示轴向压力-应变曲线，轴向压力-时间曲线；可自动测量轴向及径向变形，求出岩石抗压强度、弹性模量及泊松比等；可实施的采集、存储、处理、显示试验数据及试验曲线，打印试验报告。

图 3-2　SCM200B 型双端面磨平机　　　　图 3-3　加工成的标准试件

图 3-4　TAW-2000 型微机控制电液伺服岩石三轴剪切复合试验机

　　将试件加工成标准试件，本次试验采用圆柱体标准试样，圆柱体直径 $D=50mm$（允许变化范围为 $D=48\sim54mm$），高度 $H=100mm$（允许变化范围为 $H=95\sim105mm$）。如图 3-5（a）所示，将试件安装在试验机上下液压板之间，打开软件，选择试验类型为岩石单轴抗压强度试验，设定试验参数直径和厚度（mm），选择软件的手动模式下的轴向通道，手动调节液压油缸上升速率，直至试件接触液压顶板，将轴向荷载和油缸位移归零。试验开始，将油缸的上升速度调为 0.01mm/s 且荷载的增加速度调为 0.05kN/s 左右，随着油缸的推进和荷载的增加，软件自动绘图功能会生成试件的轴向负荷-时间曲线和轴向负荷-油缸位移曲线，直至试件产生如图 3-5（b）所示的破坏，停止试验并保存试验曲线。软件可根据轴向荷载 P 及最大轴向荷载 P_{max}、应变 $\varepsilon_{轴}$ 及横向应变 $\varepsilon_{横}$ 生成试验报告并分析得出岩石单轴抗压强度 σ_c、弹性模量 E 及泊松比 λ 等力学参数。

（a）　　　　　　　　　　　（b）

图 3-5　抗压强度测定试件加载及破坏示意
（a）试件加载；（b）试件破坏

典型试件轴向负荷-轴线位移曲线及轴向油缸位移-时间曲线如图 3-6 所示。

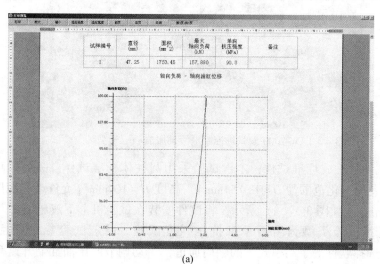

（a）

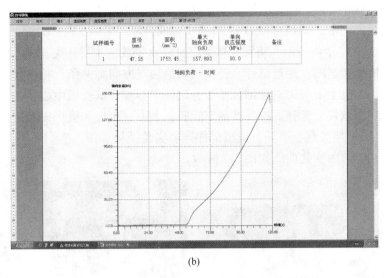

(b)

图 3-6 典型试件轴向负荷随位移及时间变化曲线

（a）轴向负荷-轴线位移曲线；（b）轴向负荷-时间曲线

3.1.2.2 计算方法

（1）单轴抗压强度。根据试验得出的最大轴向负荷值，可按式（3.1）计算岩石的单轴抗压强度 σ_c：

$$\sigma_c = \frac{4P_{max}}{\pi D^2 H} \tag{3-1}$$

（2）弹性模量。由试件轴向荷载随位移变化曲线可以得出应力随应变变化曲线，并按式（3-2）计算岩石弹性模量 E：

$$E = \frac{4P}{\pi D^2 \varepsilon_{轴}} \tag{3-2}$$

（3）泊松比。由测得的试件轴向应变 $\varepsilon_{轴}$ 及横向应变 $\varepsilon_{横}$，按式（3-3）计算泊松比 λ：

$$\lambda = \frac{\varepsilon_{横}}{\varepsilon_{轴}} \tag{3-3}$$

3.1.3 岩石抗拉强度测定

3.1.3.1 实验方法

与岩石抗压强度测定实验相同，针对顶底板常见不同岩性，每种岩性取一组试块，每组试件取 3 块，采用劈裂法进行抗拉强度测定。实验仪器选用如图 3-7

所示 TAW-2000 型微机控制电液伺服岩石三轴剪切复合试验机采用劈裂实验进行岩石抗拉强度测定，采用直径 $D=(50\pm5.0)\,\text{mm}$，厚度 $L=(25\pm3.0)\,\text{mm}$ 左右标准试件。如图 3-7（a）所示，将圆柱体受试试件水平放置于抗压夹具中，抗压夹具位于上下液压板之间；通过试件直径的两端沿轴线方向画两条互相平行的线作为加载基线，夹具上下刀刃对准加载基线，试件中心线和试验机中心线在一条直线上。打开应用软件，选择抗拉强度测定实验，上下液压板和抗压夹具接触后，以 0.02KN/S 速度加载直至破坏，典型试件劈裂实验结果如图 3-7（b）所示。实测的典型加载随时间变化曲线如图 3-8 所示。

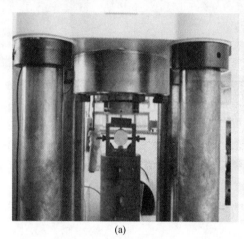

(a)   (b)

图 3-7   抗拉强度测定试件加载及破坏示意

（a）试件加载；（b）试件破坏

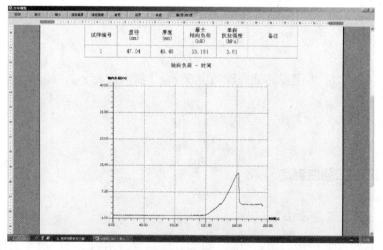

图 3-8   典型试件加载随时间变化实测曲线

3.1.3.2 实验结果

劈裂法测定岩石抗拉强度实验可按式（3-4）计算：

$$\sigma_{拉} = \frac{2P_{max}}{\pi DL}$$（3-4）

3.1.4 岩石黏结力和内摩擦角测定

黏结力 c 和内摩擦角 φ 是反映岩石力学性质重要参数，本研究通过测定不同轴压 σ 作用下岩石抗剪强度 $[\tau]$，根据摩尔-库仑理论 $[\tau] = \sigma\tan\varphi + c$ 来回归得出岩石黏结力 c 和内摩擦角 φ。

实验仪器选用如图 3-9 所示的 YDS 携带式岩土力学性质多功能试验仪。

图 3-9　YDS 携带式岩土力学性质多功能试验仪

选用直径 D 约为 50.0mm 及厚度 H 约为 100mm 天然含水状态的不同岩性标准试件各 1 组，每组 3 块。选用如图 3-10 所示与标准试件一致的剪切环；将试件安装入剪切环内。同时将剪切环放入如图 3-11 所示的剪切盒内，在剪切盒上部放置滚珠轴承。

如图 3-12 所示，安装完成剪切盒之后，将剪切盒整体送入施加轴压的竖向千斤顶下部，此时，可以操作轴向的千斤顶给试样施加规定的轴向压力，操纵横向的液压千斤顶，直到接触到剪切盒；之后，缓慢施加荷载直至岩石破坏，停止加载并记录轴向及剪向压力，标准试件破坏后状态如图 3-13 所示。

图 3-10　岩石直剪实验使用的剪切环

图 3-11　剪切环放入剪切盒

图 3-12　安装完成后剪切盒

图 3-13　试件剪切破坏后状态

3.2　巷道围岩力学性质现场实测

3.2.1　现场实测仪器设备简介

　　为使测量结果更加符合工程实际，可采用原位岩石孔内剪切测试仪（图 3-14）进行现场岩石抗剪强度实测，该仪器系美国爱荷华州大学为美国矿务局设计开发的，可用于矿山安全、水电、隧道、边坡设计等领域，广泛应用于美国、日本、韩国、中国、印度等国。原位岩石孔内剪切测试仪可在勘察现场快速测试各类岩石的剪切力。其主要优点是可以快速检测各类岩石剪切强度和残余剪切强度，完成一条莫尔-库仑岩石破坏包络线只需 20~30min，残余强度曲线可以在每次破坏后继续剪切得到。

　　（1）技术指标。适用钻孔直径：75.0mm；最大法向力：80.0MPa；最大剪切力：35.0MPa。

（2）主要配置。直径75mm硬化工具钢剪切头，获得专利的自对准剪切头，带可更换的插入式合金剪切盘；2）2.1m螺纹拉杆及拉杆夹具；3）3.6m深度安装工具包，包括螺纹杆，连接器，高压油管；4）空心千斤顶；5）用于加压的加压泵和读数仪表系统。

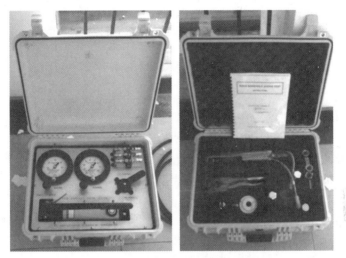

图3-14　原位岩石孔内剪切测试仪

3.2.2　现场实验

3.2.2.1　准备工作

（1）钻孔：

1）准备钻孔。钻孔直径76mm（3in），钻孔直径允许范围：80~83mm；若钻孔方向和层理、节理、断层平行，测试结果更加准确。

2）成孔要求保证剪切头能轻松放入而不被卡住。

3）模拟探头。制作一个和剪切头相同直径的模拟探头进行探孔。

4）孔内最好没水，若不能避免，剪切头旋转部分和滑动部分要涂抹重稠度油脂。

5）成孔时机要求。最好成孔后立即进行测试。若成孔时间过长，测试数据会离散而且剪切强度比实际要低。

6）钻孔方法。可以采用水冷金刚钻或者冲击钻，若是某些遇水变软的岩石，最好采用冲击钻。

（2）连接液压管，一共三根液压管，标有不同颜色。剪切头上的扩张管连接至Expand，剪切头上的回收管连接至Retract，千斤顶上的液压管连接至Shear。快速连接头具有自动阀门杆阻止液压管没连接时漏油。

（3）把拉杆连接到支架上，再增加延长拉杆。

（4）把剪切头放入钻孔中。

（5）把调平底板沿着拉杆放到孔口，若孔口岩石较软或者孔口过大，可以放置一块带孔的钢板；调整螺丝确保底板和孔轴方向垂直。

（6）把千斤顶沿着拉杆放到底板上面。

（7）把对开螺母接到拉杆靠近千斤顶活塞（测试深度可通过对开螺母连续调节）。

3.2.2.2　测试过程

（1）施加座入力：

1）把多管阀把手转到 EXPAND 扩张位置。

2）打开法向压力阀门（右侧压力表下部）。

3）关闭剪切压力阀门（左侧压力表下部）。

4）液压泵的阀门转到 SHUT 关闭。

5）加压至相应座入应力，座入力应足够把钢齿插入岩石内，但是不能过大把岩石压碎或压缩。

建议的座入力见表 3-1。

表 3-1　座入力推荐值

泥岩	6.0～7.0MPa	1000psi
砂岩	25.0～30.0MPa	4000psi

除非岩石会发生固结，座入力可比相应测试过程中法向应力高。

6）等待 5min 座入岩石。

7）继续泵压至法向应力值，或者把液压泵阀门逐渐打开，施加比座入力小的法向应力。

8）等待几分钟，偶尔调整泵压直至法向压力板读数稳定，这是因为新的液压管会有一定膨胀。

（2）剪切：

1）关闭法向压力阀门。

2）打开液压泵阀门。

3）打开剪切压力阀门。

4）关闭液压泵阀门开始泵压。

5）观察剪切表读数，并记住最大值，同时要读取法向表读数，因为剪切岩石时法向应力会发生变化（岩石膨胀或者压缩）。

6）法向应力读数变大证明岩石发生膨胀，若读数下降证明岩石发生压缩。

7）剪切应力读数一般会逐渐增大到最大值，接着突然下降，记录最大值，继续加压。

8）继续剪切测试残余强度，此时剪切应力会交替上升下降，而法向应力读数通常会下降，记录两个压力表最大值，继续加压直至读数均衡或者变化缓慢。

（3）第一个测点数据得到后，阀门位置应该如下：

1）液压泵阀门。OPEN（开），释放剪切应力。

2）剪切阀门。关闭，剪切系统关闭。

3）法向应力阀门。OPEN（开），打开法向应力系统。

4）多管阀。RETRACT（回收），准备关闭剪切头。

5）液压泵阀门。关闭。

6）泵压法向应力到7MPa，或者剪切头能轻松提拉上来。

7）打开液压泵阀门，释放回收压力。

8）拉出剪切头并进行清理岩石碎屑。

9）多管阀：EXPAND（扩张），准备下一次测试。

10）把剪切头旋转45°并放入同一深度；这样同一深度可以进行4次测试。

根据工程实测不同压应力作用下的岩石抗剪强度，通过回归分析可以得出岩石黏结力及内摩擦角（c、φ）。

4 深部岩巷围岩碎胀变形分析

4.1 深部岩巷围岩表面变形及影响因素理论分析

4.1.1 深部岩巷围岩表面变形理论计算

根据有关文献，等压作用圆形巷道破裂区内任一点变形可表示为：

$$u = \frac{2pr}{E} \left\{ \frac{1}{1 + \eta_1} + \frac{1}{1 + \eta_2} \left[\left(\frac{R_b}{r} \right)^{1+\eta_2} - 1 \right] \right\} \left\{ \left(\frac{R_p}{R_b} \right)^{1+\eta_1} + \frac{\eta_1 - 1}{2(1 + \eta_1)} \right\}$$

$$(4-1)$$

式中　P——原岩应力，MPa。

　　　η_1——考虑塑性区岩体扩容影响系数，$\eta_1 = \dfrac{1 + \sin\varphi}{1 - \sin\varphi}$；

　　　η_2——考虑破裂区内围岩扩容影响系数，$\eta_2 = 1.3 \sim 1.5$；

　　　R_b——破裂圈半径，mm；

　　　R_p——塑性圈半径，mm；

　　　r——点距巷道中心距离，mm；

　　　E——弹性模量，MPa；

　　　u——破裂区内任一点变形，mm。

围岩表面变形可示为：

$$u = \frac{2pr_0}{E} \left\{ \frac{1}{1 + \eta_1} + \frac{1}{1 + \eta_2} \left[\left(\frac{R_b}{r} \right)^{1+\eta_2} - 1 \right] \right\} \left\{ \left(\frac{R_p}{R_b} \right)^{1+\eta_1} + \frac{\eta_1 - 1}{2(1 + \eta_1)} \right\}$$

$$(4-2)$$

式中　r_0——圆形巷道半径，mm。

根据弹塑性边界、塑性区与破裂区边界应力相等，破裂区内边界支撑力为 p_i，考虑塑性区强度（主要是内聚力）软化。

塑性区半径可示为：

$$\frac{2}{1 + k_p} \left[p + \frac{\sigma_c}{k_p - 1} + \frac{(k_p + 1)\eta_3 p}{(k_p - 1)(k_p + \eta_1)} \right] \left(\frac{r_0}{R_p} \right)^{k_p - 1} +$$

$$\frac{2\eta_3 p}{1 + \eta_1} \left[\frac{1}{k_p + \eta_1} \left(\frac{R_p}{r_0} \right)^{1+\eta_1} - \frac{1}{k_p - 1} \right] - \frac{\sigma_c}{k_p - 1} - p_i = 0$$

$$(4-3)$$

式中　p_i——支护反力，MPa；

σ_c——岩石抗压强度，MPa；

k_p——系数，$k_p = \eta_1$；

η_3——系数，$\eta_3 = \dfrac{M_c}{E}$；

M_c——岩石软化模量，MPa。

破裂圈半径可示为：

$$R_b = R_0 \left\{ \left\{ \frac{2}{1+k_p} \left[p + \frac{\sigma_c}{k_p-1} + \frac{(k_p+1)k_5 p}{(k_p-1)(k_p+\eta_1)} \right] \left[\frac{2\eta_3 p}{2\eta_3 p + (1+\eta_1)(\sigma_c - \sigma_c^*)} \right]^{\frac{k_p-1}{1+\eta_1}} - \frac{2\eta_3 p + (1+\eta_1)(\sigma_c - \sigma_c^*)}{(k_p-1)(k_p+\eta_1)} \right\} \bigg/ \left(p_i + \frac{\sigma_c^*}{k_p-1} \right) \right\}^{\frac{1}{k_p-1}}$$

(4-4)

式中，σ_c^* 为岩石剩余强度，MPa。

根据围岩性质、巷道断面、地应力、塑性扩容系数、岩石软化模量及支护反力可以确定破裂圈、塑性圈半径，从而确定围岩表面变形。

4.1.2 深部岩巷围岩表面变形影响因素理论分析

4.1.2.1 不同岩性围岩表面变形随原岩应力变化

不同岩性力学参数见表 4-1。取圆形巷道半径 $R_0 = 2000$mm，分析围岩表面变形随原岩应力变化。根据分析结果，围岩表面变形随原岩应力变化可较好满足：

$$u = u_1 + A_1 e^{p/t_1}$$

(4-5)

式中 u_1——系数，mm；

A_1——系数，mm；

t_1——系数，MPa。

表 4-1 不同岩性围岩力学性能参数

岩性	黏结力/MPa	内摩擦角/(°)	弹性模量/GPa	泊松比
泥岩	1.5	25	0.28	
泥质砂岩	3.0	27	3.3	0.25
砂岩	5.0	30	6.0	0.20

计算结果表明，随原岩应力增加，围岩表面变形增大，原岩应力对围岩表面变形产生显著影响。相同原岩应力作用下，煤岩产生较大塑性变形，岩性对围岩表面变形产生显著影响。不同岩性围岩表面变形随原岩压力增加，变形速度增长幅度不同。岩性为泥岩时增长较快，岩性为砂岩时变化较慢。典型的岩性为泥岩时围岩表面变形随原岩应力变化回归方程为：

$$u = 3.0 e^{p/2.8}$$

(4-6)

围岩表面变形随原岩应力变化形式如图 4-1 所示。

4.1.2.2 围岩表面变形随巷道断面大小变化

取原岩应力为 $p = 12.0$ MPa，分析不同围岩性质时围岩表面变形随巷道半径的变化。可以看出，围岩表面变形随巷道半径成正比例增加；岩性不同，增加速率不同，岩性越差，围岩表面变形随巷道半径增加越快，大断面巷道煤岩产生显著变形。典型岩性为泥岩时围岩表面变形随巷道半径变化可较好满足：

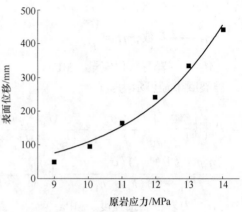

图 4-1 围岩表面变形随原岩应力变化

$$u = 0.085 + 49.4R_0 \tag{4-7}$$

变化形式如图 4-2 所示。

4.1.2.3 围岩表面变形随支护反力变化

原岩应力 $p = 12.0$ MPa，巷道半径 $R_0 = 2000$ mm，计算不同岩性围岩表面变形随支护反力变化。计算结果表明，支护反力可以显著减小软弱围岩表面变形，不同岩性围岩应分别提供合适支护反力。岩性为泥岩时围岩表面变形随支护反力变化显著，岩性为泥质砂岩及砂岩时变化不显著。岩性为泥岩时围岩表面变形随支护反力较好满足方程：

$$u = 22.0 + 40.0e^{-p_j/0.15} \tag{4-8}$$

变化形式如图 4-3 所示。

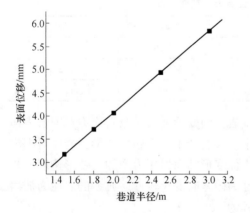

图 4-2 围岩表面变形随巷道半径变化

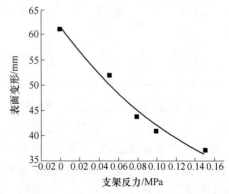

图 4-3 围岩表面变形随支护返利变化

4.2　深部岩巷围岩变形及影响因素数值模拟分析

4.2.1　锚杆支护参数对圆形巷道变形影响的数值模拟

深部岩巷广泛采用锚杆支护，采用数值模拟方法分析锚杆长度和锚杆密度对圆形巷道表面变形影响。

4.2.1.1　锚杆长度对不同岩性围岩表面变形的影响

数值计算模型如图4-4所示。

圆形巷道半径 $R_0 = 3000mm$，原岩应力 $p = 12.0MPa$，锚杆密度 $m = 2.0$ 根/m^2，岩性1为泥岩，岩性2为泥质砂岩，岩性3为砂岩，不同岩性的力学参数见表4-1。锚杆长度 L 分别取为 1000mm、2000mm、2400mm、2800mm。根据计算结果分析得出的三种不同岩性围岩表面最大变形随锚杆长度的变化，如图4-5所示。从图中可以看出，围岩表面最大变形随锚杆长度变化较好满足方程：

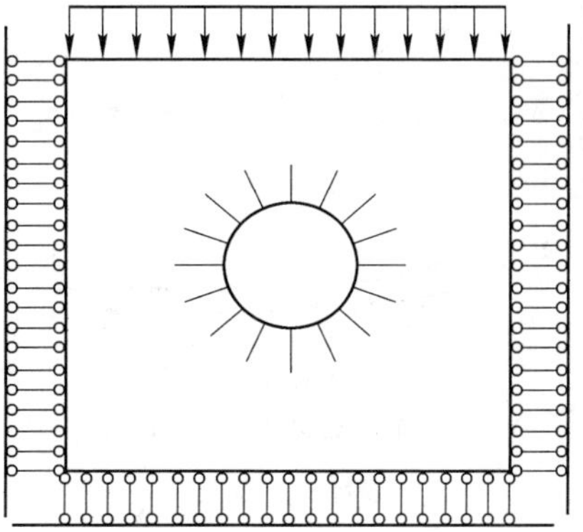

$$u = u_2 + A_2 e^{-L/t_2} \qquad (4-9)$$

式中　u_2——系数，mm；

　　　A_2——系数，mm；

　　　t_2——系数，mm。

图 4-4　数值计算模型

围岩表面最大变形随锚杆长度变化回归方程见表4-2。分析结果表明，泥岩中即使锚杆长度达到3000mm，也有较好效果；砂岩中锚杆长度超过1500mm时作用效果就不明显。

表 4-2　不同岩性围岩表面变形随锚杆长度变化回归方程及系数

岩性	回归方程	系数 u_2/mm	系数 A_2/mm	系数 t_2/mm
泥岩	$u = 196.0 + 155.0 e^{-L/0.47}$	196.0	155.0	0.47
泥质砂岩	$u = 74.0 + 25.0 e^{-L/0.42}$	74.0	25.0	0.42
砂岩	$u = 53.0 + 20.0 e^{-L/0.81}$	53.0	20.0	0.81

4.2.1.2　锚杆密度变化对围岩表面变形影响

取锚杆长度 $L = 2000mm$，三种不同岩性围岩表面最大变形随锚杆密度的变化如图 4-6 所示。从图 4-6 中可以看出，三种不同岩性围岩表面最大变形随锚杆密度变化较好满足方程：

$$u = u_3 + A_3 e^{-m/t_3} \tag{4-10}$$

式中 u_3——系数，mm；

　　　　A_3——系数，mm；

　　　　t_3——系数，根/m²。

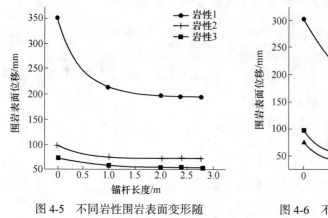

图 4-5   不同岩性围岩表面变形随
锚杆长度变化

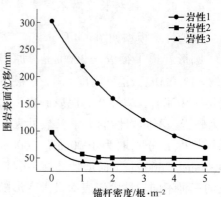

图 4-6   不同岩性围岩表面变形随
锚杆密度变化

围岩表面最大变形随锚杆密度变化回归方程见表 4-3。分析结果表明，泥岩中即使锚杆密度达到 4.0m²/根，也有较好效果；砂岩中锚杆密度 2.0m²/根时作用效果就不明显。

表 4-3   不同岩性围岩表面变形随锚杆密度变化回归方程及系数

岩性	回归方程	u_3/mm	A_3/mm	t_3/根·m^{-2}
泥岩	$u = 135.0 + 148.0e^{-m/2.6}$	135.0	148.0	2.60
泥质砂岩	$u = 51.0 + 47.4e^{-m/0.51}$	51.0	47.4	0.51
砂岩	$u = 40.0 + 33.4e^{-m/0.57}$	40.0	33.4	0.57

如图 4-7 所示，围岩表面变形随原岩应力变化较好满足：

$$u = u_4 + A_4 e^{p/t_4} \tag{4-11}$$

式中 u_4——系数，mm；

　　　　A_4——系数，mm；

　　　　t_4——系数，MPa。

不同岩性矩形巷道表面各测点变形随原岩应力变化见表 4-4~表 4-6。

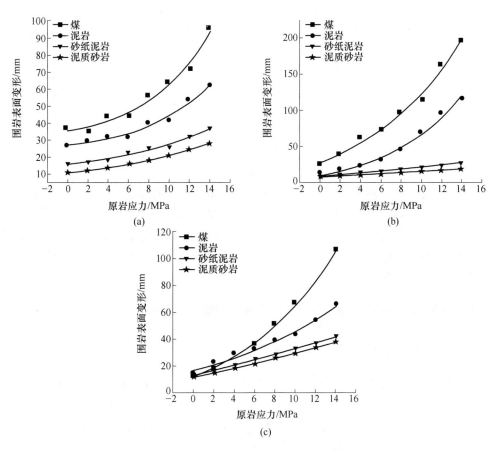

图 4-7 围岩表面变形随原岩应力变化

（a）圆形巷道顶部；（b）圆形巷道帮部；（c）圆形巷道底部

表 4-4 巷道顶部围岩表面变形随原岩应力变化回归方程及系数

岩性	回归方程	系数 u_4 /mm	系数 A_4 /mm	系数 t_4 /MPa
泥岩	$u = 22.7 + 4.3e^{p/6.3}$	22.7	4.3	6.3
泥质砂岩	$u = 9.0 + 6.9e^{p/10.0}$	9.0	6.9	10.0
砂岩	$u = 2.9 + 7.6e^{p/11.7}$	2.9	7.6	11.7

表 4-5 围岩帮部表面变形随原岩应力变化回归方程和系数

岩性	回归方程	系数 u_4 /mm	系数 A_4 /mm	系数 t_4 /MPa
泥岩	$u = -11.6 + 21.0e^{p/7.7}$	-11.6	21.0	7.7
泥质砂岩	$u = -23.1 + 32.0e^{p/30.6}$	-23.1	32.0	30.6
砂岩	$u = -13.0 + 20.8e^{p/35.4}$	-13.0	20.8	35.4

表 4-6　巷道底部围岩表面变形随原岩应力变化回归方程和系数

岩性	回归方程	系数 u_4/mm	系数 A_4/mm	系数 t_4/MPa
泥岩	$u = -13.2 + 30.1e^{p/14.9}$	-13.2	30.1	14.9
泥质砂岩	$u = -406.1 + 419.0e^{p/214.6}$	-406.1	419.0	214.6
砂岩	$u = -42.3 + 54.1e^{p/35.3}$	-42.3	54.1	35.3

计算结果表明：

（1）与其他围岩岩性比较，岩性为软弱泥岩时矩形巷道表面各测点变形随原岩应力增长最快，深部软弱围岩表面变形显著。

（2）对于软弱泥岩，当原岩应力 $p \leqslant 6.0$MPa 时，巷道顶板、底板、两帮表面变形相差不大；随原岩应力增大，帮部表面变形明显增快。岩性为砂质泥岩和砂岩时，不同测点变形随原岩应力增加变形增长速度变化不大，即使原岩应力 $p = 12.0$MPa，巷道顶板表面变形也比两帮中部大。深部开采软弱围岩表现为显著两帮变形，且在两帮中部。

4.2.2　锚杆支护参数对矩形巷道变形影响的数值模拟

4.2.2.1　矩形巷道锚杆支护效果分析

围岩性质取泥岩，计算模型如图 4-8 所示，上部施加原岩应力为 14.0MPa，矩形尺寸 4000mm×4000mm，取矩形巷道顶部、帮部及底部表面点并同时各自向围岩深部取 4 个点，各点距围岩表面距离分别为 0mm、600mm、1200mm、1800mm、2400mm。分析矩形巷道围岩表面及内部点变形。

围岩表面测点 2 及测点 3 巷道帮部水平变形最大点，测点 2 与测点 3 及其深部对应不同位置点变形随点到围岩表面距离变化如图 4-9 所示。

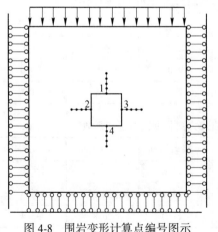

图 4-8　围岩变形计算点编号图示

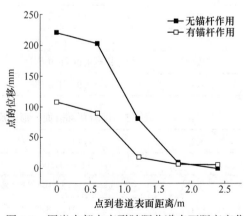

图 4-9　围岩内部点变形随距巷道表面距离变化

在锚杆作用下帮部围岩水平变形减小，围岩表面测点 2 与测点 3 变形减小 66.0mm，距离围岩表面 2400.0mm 处锚杆端部水平变形减小 12.6mm。由图 4-9 可以看出锚杆对围岩帮部水平方向变形有明显控制。锚杆不但使围岩表面变形减小，围岩内部点变形随距巷道表面距离变化也在锚杆作用下变得平缓。从图中还可以看出，无论有无锚杆，从围岩表面第 8 点到围岩内部约 500.0mm 处围岩变形随距围岩表面距离衰减缓慢，随后衰减明显加快。

巷道顶板表面第 1 点及对应的围岩深部各点变形随测点距巷道表面距离变化如图 4-10 所示。

比较图 4-8 和图 4-9 可以看出，巷道顶板表面变形比帮部变形小，顶板围岩变形随点距顶板表面距离增加衰减缓慢；由于围岩顶部表面及内部点变形差较小，顶部锚杆对顶板变形控制作用不如帮部锚杆对帮部围岩控制作用明显。锚杆作用使巷道顶板围岩表面及内部点变形减小基本相同，围岩变形随距巷道表面距离变化趋势基本没有改变。

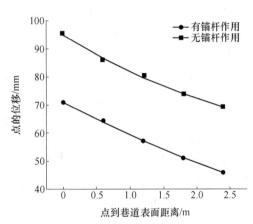

图 4-10　围岩变形随点到围岩表面距离变化

取如图 4-8 所示的矩形巷道，围岩岩性为泥岩，原岩应力 $p = 12.0$MPa，锚杆密度为 2.0 根/m^2。取如图 4-8 所示矩形巷道表面点，数值模拟得出围岩表面测点 1、测点 2 及测点 4 变形，依据式（4-9）得出各测点变形随锚杆长度变化回归方程，见表 4-7。

表 4-7　围岩表面变形随锚杆长度变化回归方程及系数

测点位置	回归方程	系数 u_2/mm	系数 A_2/mm	系数 t_2/mm
1	$u = 45 + 40\mathrm{e}^{-L/0.53}$	45	40	0.53
2	$u = 70 + 130\mathrm{e}^{-L/0.75}$	70	130	0.75
4	$u = 35 + 50\mathrm{e}^{-L/0.80}$	35	35	0.80

围岩表面变形随锚杆长度增加而逐渐减小，其中围岩表面测点 2 及测点 3 变形减小最为显著。当锚杆长度 L 增加到 2500mm 时，对围岩表面测点 4 的变形仍有一定控制效果。

4.3 深部岩巷围岩碎胀分析

4.3.1 深部岩巷围岩变形数值模拟

为了研究不同原岩应力、不同巷道断面深部软弱围岩变形特征。建立如图 4-11 所示数值模型，模型的建立是以巷道的中心为原点，设定巷道的形状为矩形，在 X 方向上模拟计算范围是 60m，在 Y 方向上模拟计算的范围为 2m，在 Z 方向上模拟计算的范围为 60m，在模型的上边界上施加原岩应力，分别在水平 X 方向、竖直 Y 方向以及 Z 方向上施加约束。

如图 4-11 所示，根据平面应变问题建立模型并划分网格，对两帮及底板施加约束条件，考虑到巷道支护反力 $p_i = 0.15$ MPa，故选择应变软化模型，考虑到巷道两帮变形对称性，故数值模拟分析巷道左帮煤岩位移分布。取如图 4-11 所示 aA、bB、cC、dD、eE 五个方向，各个方向均经过巷道中心 O 点；a 点位于巷道帮部表面中间位置；b、c 点位于巷道帮部及上方表面；d、e 位于巷道帮部及下方表面，以 a 为中心，与 c、b 点对称布置。计算各方向不同位置围岩位移大小及方向，分析深部软岩巷道帮部围岩位移分布特征。考虑原岩应力及巷道断面为主要影响因素，结合淮北矿区具体工程实际，选取原岩应力 p 为 10.0MPa、12.0MPa、14.0MPa、18.0MPa、20.0MPa，矩形巷道断面为 4.0m×3.5m、5.0m×4.0m、6.0m×5.0m，软弱围岩为泥岩，力学参数见表 4-8。实验室测定泥岩黏结力 c 及内摩擦角 φ 随应变 ε_{ps} 衰减，见表 4-9，选择 SS 准则数值模拟分析不同条件巷道围岩变形及其分布。计算模型示意图如图 4-12 所示。

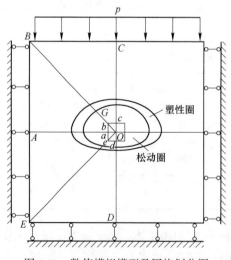

图 4-11 数值模拟模型及网格划分图

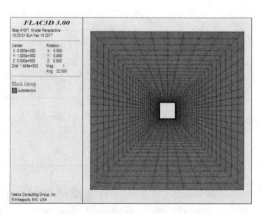

图 4-12 计算模型示意图

表 4-8 泥岩力学参数

岩性	黏结力 c/MPa	内摩擦角 φ/(°)	弹性模量 E/GPa	泊松比 λ
泥岩	1.5	28.0	1.8	0.30

表 4-9 泥岩峰后强度随应变衰减方程

岩性	黏结力 c/MPa	内摩擦角 φ/(°)	弹性模量 E/GPa	泊松比 λ	峰后强度随应变衰减模型
岩性 I	1.5	28	1.5	0.33	$c = 1.0 + 0.5e^{-\varepsilon_{ps}/0.00068}$ $\varphi = 25.0 + 3.0e^{-\varepsilon_{ps}/0.00212}$

4.3.2 深部软弱围岩本构关系

4.3.2.1 本构关系类型

FLAC 3D 中应变软化 SS 本构关系通过塑性参数 ε_{ps} 表征岩石峰后损伤程度，依据煤岩强度 c、φ 随塑性参数 ε_{ps} 的变化来表征强度 c、φ 衰减。

塑性参数 ε_{ps} 与塑性剪切应变 γ_p 关系为：

$$\varepsilon_{ps} = \frac{\sqrt{3}}{3}\sqrt{1 + \frac{1 + \sin\psi}{1 - \sin\psi} + \left(\frac{1 + \sin\psi}{1 - \sin\psi}\right)^2 \frac{\gamma_p(1 + \sin\psi)}{2}} \tag{4-12}$$

式中 ψ——剪胀角，(°)；

γ_p——剪应变；

ε_{ps}——塑性系数。

针对深部软弱泥岩，取剪胀角恒定为 $\psi = 8°$，则

$$\varepsilon_{ps} = 0.664\gamma_p \tag{4-13}$$

塑性剪切应变 γ_p 可通过测量最大主塑性应变 ε_1 与最小主塑性应变 ε_3 并通过计算差值获得可示为：

$$\gamma_p = |\varepsilon_1 - \varepsilon_3| \tag{4-14}$$

式中 ε_1，ε_3——分别为最大主塑性应变和最小主塑性应变。

通过对泥岩压缩峰后应变软化阶段不同位置卸载损伤破裂岩样强度进行计算，求出相应最大主塑性应变 ε_1 与最小主塑性应变 ε_3，根据式（4-13）及式（4-14）即可确定不同卸载条件峰后损伤破泥岩强度 c、φ 与塑性参数 ε_{ps} 的对应关系，实现采用 FLAC 3D 软件对深部巷道软弱煤岩强度 c、φ 衰减的数值模拟。

4.3.2.2 本构关系实验室测定

现场巷道泥岩取芯，实验室加工成直径 $d = 50\text{mm}$、高度 $h = 100\text{mm}$ 的标准

试样。实验在 MTS 压力实验机上进行，标准试样粘贴纵向与横向应变片进行峰后不同卸载位置最大主塑性应变 ε_1、最小主塑性应变 ε_3 实测，获得相应条件塑性参数 ε_{ps}，同时实测相应的峰后不同卸载位置损伤试样的强度 c、φ 值。泥岩峰后不同卸载位置损伤试样的强度 c、φ 及相应的塑性系数 ε_{ps} 见表 4-10。

表 4-10　泥岩峰后不同卸载位置损伤试样的强度 c、φ 及相应塑性系数 ε_{ps}

试样编号	1	2	3	4	5
c/MPa	1.05	1.17	1.29	1.47	1.49
$\varphi/(°)$	25.5	27.2	26.9	27.0	27.9
$\varepsilon_{ps}/10^{-5}$	889	369	238	128	19

岩样峰后卸载损伤强度 c、φ 与相应塑性系数 ε_{ps} 较好满足以下形式回归方程：

$$\left. \begin{array}{l} c = \bar{c} + \eta_4 e^{-\varepsilon_{ps}/\eta_5} \\ \varphi = \bar{\varphi} + \eta_6 e^{-\varepsilon_{ps}/\eta_7} \end{array} \right\} \qquad (4\text{-}15)$$

式中　$\bar{c}$——残余黏结强度，MPa；

　　　$\bar{\varphi}$——残余内摩擦角，(°)；

　　　η_4——系数，MPa；

　　　η_5——系数；

　　　η_6——系数，(°)；

　　　η_7——系数。

根据表 4-10 实验结果得出泥岩峰后损伤强度 c、φ 随塑性系数 ε_{ps} 衰减回归方程。

泥岩为：
$$\begin{array}{l} c = 1.0 + 0.5e^{-\varepsilon_{ps}/0.0025} \\ \varphi = 25.0 + 3.0e^{-\varepsilon_{ps}/0.004} \end{array} \qquad (4\text{-}16)$$

据式 (4-16)，仅当 ε_{ps} 趋于 ∞ 时，损伤试样强度 c、φ 才趋于残余强度 $\bar{c}$、$\bar{\varphi}$，实际上，当塑性系数 ε_{ps} 增加至一定值，可认为试样强度达到 $\bar{c}$、$\bar{\varphi}$，本书认为损伤试样黏结力降低至 $c = 1.05\bar{c}$ 时即进入残余变形阶段。表 4-11 为依据上述算法确定的模型泥岩 SS 本构关系。

表 4-11　本构模型泥岩损伤强度 c、φ 随塑性系数 ε_{ps} 变化

$\varepsilon_{ps}/10^{-5}$		0	100	200	300	400	700	900	1200	1400	1600	1800
泥岩	c/MPa	1.70	1.47	1.31	1.21	1.14	1.04	1.02	1.01	1.00	1.00	1.00
	$\varphi/(°)$	28.0	27.3	26.8	26.4	26.1	25.5	25.3	25.2	25.09	25.05	25.03

4.4 数值分析计算与数据处理

4.4.1 不同原岩应力围岩位移分布图

取巷道断面为 6.0m×5.0m，围岩为表 4-8 所示泥岩，分别施加不同原岩应力 $p=10.0$MPa、12.0MPa、14.0MPa、18.0MPa、20.0MPa，分析巷道围岩位移场分布随原岩应力变化的趋势，如图 4-13 及图 4-14 所示。

通过图 4-13 及图 4-14 可知，随着巷道埋深即原岩应力 p 增加，巷道顶板、底板及帮部的位移量逐渐变大。原岩应力从 $p=10.0$MPa 增加到 12.0MPa、14.0MPa、18.0MPa、20.0MPa，巷道水平方向的最大位移量分别从 140mm 增加到 189.0mm、264.0mm、413.0mm、587.0mm，水平方向的最大位移增加量分别为 49.0mm、74.0mm、149.0mm、174.0mm，水平方向最大位移增长的幅度分别为 35%、40%、56%、42%；在竖直方向上巷道最大位移量分别是 52.0mm、74.0mm、87.0mm、159.0mm、163mm，竖直方向的最大位移增加量分别为 22mm、13mm、72mm、4mm。通过以上数据可以分析得出，当巷道的填埋深度增加时，原岩应力 p 也随之增加，巷道的底板、顶板以及巷道帮部的位移量也逐渐增加；同时从数据中也能发现，顶板的最大位移量要小于巷道帮部的最大位移量，巷道两帮中部，也就是水平方向的位移量最大。随着距巷道表面距离的增加，巷道围岩的位移量逐渐趋于零。

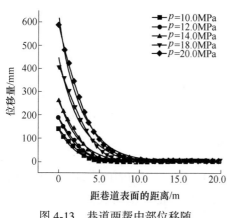

图 4-13 巷道两帮中部位移随
距巷道表面距离变化

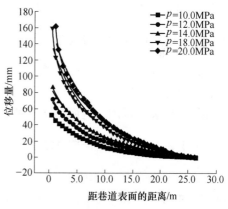

图 4-14 巷道顶板中部位移随
距巷道表面距离变化

从图 4-13 可以看出，巷道围岩位移量与距巷道表面距离呈负相关关系，原岩应力 p 越大，围岩位移量减小幅度越大，围岩位移量衰减到距巷道表面一定位置时趋于稳定。

选择式（4-17）对图 4-13 以及图 4-14 的数据进行回归分析，不同原岩应力回归方程相关系数都满足 $\lambda \geqslant 0.92$，具有较好相关性。

$$u = k_1 e^{-r/k_2} \tag{4-17}$$

式中　　k_1，k_2——回归系数。

不同条件回归方程的系数 k_1、k_2 值见表4-12。

表4-12　不同原岩应力回归方程系数 k_1、k_2 值

位置	$p=10.0\text{MPa}$	$p=12.0\text{MPa}$	$p=14.0\text{MPa}$	$p=18.0\text{MPa}$	$p=20.0\text{MPa}$
aA 方向	$k_1=147.0$	$k_1=200.0$	$k_1=280.0$	$k_1=449.0$	$k_1=615.0$
	$k_2=1.87$	$k_2=2.02$	$k_2=2.23$	$k_2=2.63$	$k_2=2.80$
bB 方向	$k_1=55.7$	$k_1=75.6$	$k_1=91.3$	$k_1=146.5$	$k_1=177.2$
	$k_2=6.51$	$k_2=6.82$	$k_2=6.90$	$k_2=7.24$	$k_2=8.65$
cC 方向	$k_1=57.0$	$k_1=77.9$	$k_1=108.9$	$k_1=190.0$	$k_1=241.0$
	$k_2=7.14$	$k_2=7.41$	$k_2=7.78$	$k_2=8.06$	$k_2=8.70$
dD 方向	$k_1=63.3$	$k_1=82.8$	$k_1=104.7$	$k_1=160.6$	$k_1=194.8$
	$k_2=9.47$	$k_2=10.23$	$k_2=10.99$	$k_2=10.44$	$k_2=10.53$
eE 方向	$k_1=42.7$	$k_1=57.2$	$k_1=74.9$	$k_1=120.6$	$k_1=159.4$
	$k_2=4.46$	$k_2=4.52$	$k_2=4.83$	$k_2=5.03$	$k_2=4.85$

比较原岩应力 $p=14.0\text{MPa}$ 和 $p=20.0\text{MPa}$ 时围岩位移随距巷道表面距离的变化，可以看出，原岩应力 $p=20.0\text{MPa}$ 时，围岩位移随距巷道表面距离变化衰减较快，随原岩应力 p 逐渐增加，位移量的降幅显著增大。

4.4.2　深部岩巷碎胀范围分析

深部岩巷松动破碎变形主要呈现为黏结力 c 衰减，而内摩擦角 φ 衰减并不明显，通过分析不同原岩应力 p、不同巷道断面尺寸巷道围岩黏结力 c 分布，可确定黏结力的衰减范围，进而确定深部岩巷碎胀范围，即围岩松动圈范围。

4.4.2.1　不同原岩应力深部岩巷碎胀范围

选取原岩应力 $p=10.0\text{MPa}$、12.0MPa、14.0MPa、18.0MPa、20.0MP，巷道断面尺寸为 6m×5m，围岩岩性为泥岩，主要力学性能参数见表4-12，分析巷道围岩五个不同方向松动圈范围随原岩应力的变化，数值模拟结果如图4-15所示。

从图4-15（a）可以看出，aA 方向原岩应力从 $p=10.0\text{MPa}$ 增至 $p=20.0\text{MPa}$ 时，黏结力 $c=1.0\text{MPa}$ 范围分别为 3.8m、4.6m、5.5m、7.2m、8.4m；从图4-15（b）可以看出，bB 方向原岩应力从 $p=10.0\text{MPa}$ 增至 $p=20.0\text{MPa}$ 时，黏结力 $c=1.0\text{MPa}$ 范围分别为 0.0m、0.5m、2.5m、5.2m、7.0m。从图4-15（c）可以看出，cC 方向原岩应力从 $p=10.0\text{MPa}$ 增至 $p=20\text{MPa}$ 时，黏结力 $c=1.0\text{MPa}$ 范围

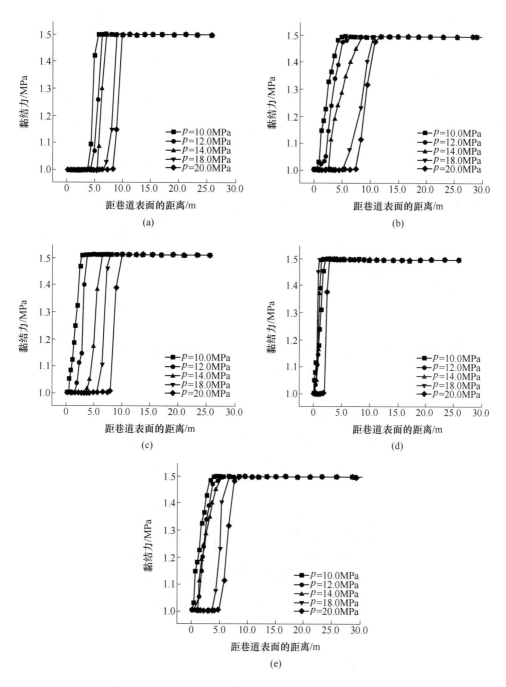

图 4-15　不同原岩应力煤岩黏结力随距巷道表面距离变化

（a）*aA* 方向；（b）*bB* 方向；（c）*cC* 方向；

（d）*dD* 方向；（e）*eE* 方向；

分别为 0.0m、1.2m、3.0m、6.0m、7.8m；从图 4-15（d）可以看出，dD 方向原岩应力从 $p=10.0$MPa 增至 $p=20.0$MPa 时，黏结力 $c=1.0$MPa 范围分别为 0.0m、0.2m、0.3m、0.5m、1.7m。从图 4-15（e）可以看出，eE 方向原岩应力从 $p=10.0$MPa 增至 $p=20.0$MPa 时，黏结力 $c=1.0$MPa 范围分别为 0.0m、0.3m、1.0m、3.3m、4.3m。以上的分析结果表明，在距巷道表面一定范围内，围岩黏结力为残余强度值 $\bar{c}$，随后逐渐增加至初始强度值 c，也就是从 1.0MPa 逐渐增加至 1.5MPa。以围岩黏结力为残余黏结力 $\bar{c}$（1.0MPa）范围作为松动破碎范围，可以得出不同原岩应力 P 作用下松动破碎圈范围 L，见表 4-13。

表 4-13　不同原岩应力围岩松动圈范围

位置	松动圈范围 L_p/m				
	$p=10.0$MPa	$p=12.0$MPa	$p=14.0$MPa	$p=18.0$MPa	$p=20.0$MPa
Aa	3.8	4.6	5.5	7.2	8.4
Bb	0.0	0.5	2.5	5.2	7.0
Cc	0.0	1.2	3.0	6.0	7.8
Dd	0.0	0.2	0.3	0.5	1.7
Ee	0.0	0.3	1.0	3.3	4.3

不同原岩应力 p 作用下巷道围岩松动圈厚度分布如图 4-16 所示。

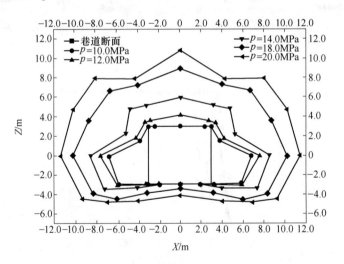

图 4-16　不同原岩应力松动圈厚度分布

巷道埋深由 $H=500.0$m 增至 $H=1000.0$m 时，巷道帮部 aA 部位松动圈范围由 $L_p=3.8$m 增加至 $L_p=8.4$m，其他部位由 $L_p=0.0$m 增至 $L_p=1.7\sim7.8$m；$H=700.0$m 时不仅帮部 aA 部位为大松动圈范围，其他部位也具有较大松动圈范围，具有深部特性。继续增加至 $H=1000.0\text{m}$ 时，帮部 aA 部位松动圈范围增加至 $L_p=8.4\text{m}$，其他部位松动圈范围增加至 $L_p=1.7\sim7.8\text{m}$，围岩不同部位都产生了大范围松动破碎，其中两帮中部水平部位最大；深部巷道埋深对围岩不同部位松动圈范围都影响显著。

4.4.2.2 不同巷道断面深部岩巷碎胀范围

原岩应力 $p=20.0\text{MPa}$，围岩岩性为表4-1泥岩，巷道断面尺寸分别为 $4.0\text{m}\times3.5\text{m}$、$5.0\text{m}\times4.0\text{m}$、$6.0\text{m}\times5.0\text{m}$，分析巷道围岩五个不同方向松动圈范围随巷道断面尺寸变化，通过确定围岩黏结力衰减范围来确定围岩松动圈范围。

从图4-17（a）可以看出，aA 方向巷道断面尺寸从 $4.0\text{m}\times3.5\text{m}$ 增至 $6.0\text{m}\times5.0\text{m}$ 时，黏结力 $c=1.0\text{MPa}$ 范围分别为4.4m、5.8m、8.4m；从图4-17（b）可以看出，bB 方向巷道断面尺寸由 $4.0\text{m}\times3.5\text{m}$ 增至 $6.0\text{m}\times5.0\text{m}$ 时，黏结力 $c=1.0\text{MPa}$ 范围分别为3.0m、4.4m、7.0m。从图4-17（c）可以看出，cC 方向巷道

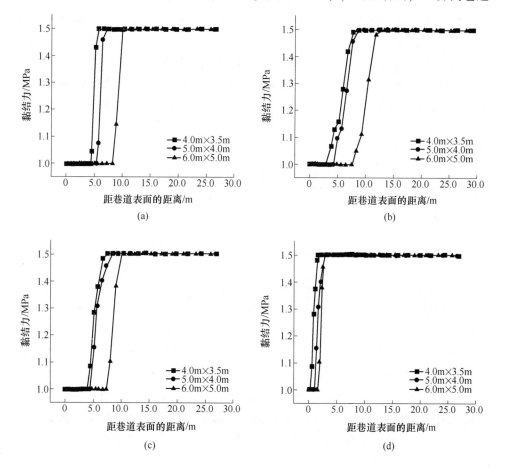

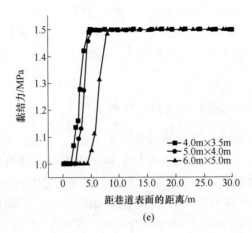

(e)

图 4-17 不同巷道断面煤岩黏结力随距巷道表面距离变化

（a）aA 方向；（b）bB 方向；（c）cC 方向；（d）dD 方向；（e）eE 方向

断面尺寸从 4.0m×3.5m 增至 6.0m×5.0m 时，黏结力 $c = 1.0$MPa 范围分别为 3.6m、4.8m、7.8m；从图 4-17（d）可以看出，dD 方向巷道断面尺寸由 4.0m× 3.5m 增至 6.0m×5.0m 时，黏结力 $c = 1.0$MPa 范围分别为 0.3m、1.0m、1.7m；从图 4-17（e）可以看出，eE 方向巷道断面尺寸由 4.0m×3.5m 增至 6.0m×5.0m 时，黏结力 $c = 1.0$MPa 范围分别为 1.3m、2.2m、4.3m。以煤岩黏结力为残余黏结力 $c = 1.0$MPa 范围作为松动破碎范围，得出不同巷道断面尺寸时松动破碎圈范围 L_p，见表 4-14。

表 4-14 不同巷道断面松动圈范围

位置	松动圈厚度 L_p/m		
	巷道断面 4.0m×3.5m	巷道断面 5.0m×4.0m	巷道断面 6.0m×5.0m
Aa	4.4	5.8	8.4
Bb	3.0	4.4	7.0
Cc	3.6	4.8	7.8
Dd	0.3	1.0	1.7
Ee	1.3	2.2	4.3

不同巷道断面尺寸巷道围岩松动圈厚度分布如图 4-18 所示。

巷道断面由 4.0m×3.5m 增加至 5.0m×4.0m 及 6.0m×5.0m 时，围岩不同部位松动圈范围增加 1.32~1.69 倍及 1.80~2.80 倍；随巷道断面增加，围岩不同部位松动圈范围都增加明显，巷道断面显著影响各个部位松动圈范围，其中巷道两帮中部影响尤为显著。

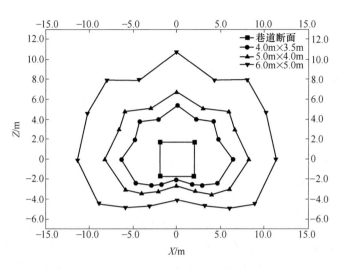

图 4-18 不同巷道断面松动圈厚度分布

4.4.3 深部岩巷碎胀程度分析

4.4.3.1 松动破碎程度及其分布评价指标

如图 4-19 所示，取巷道围岩松动圈内任意点 G，沿巷道中心 O 与该点连线方向 OG 取微元体，定义微元体碎胀率为：

$$k = \frac{\Delta v}{v} \tag{4-18}$$

式中　v ——微元体体积，m^3；

　　　Δv ——微元体体积增量，m^3。

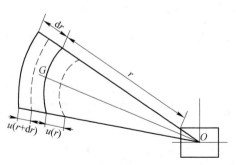

图 4-19 巷道开挖前后煤岩微元体变化示意图

帮部煤岩变形按平面应变处理，巷道轴向取 1 个单位长度，巷道开挖引起微元体沿 GO 方向碎胀，微元体体积 v 可示为：

$$v = r\mathrm{d}r\mathrm{d}\theta \tag{4-19}$$

微元体体积增量 Δv 可示为:

$$\Delta v = (\mathrm{d}r - \mathrm{d}u)(r - \mathrm{d}u)\mathrm{d}\theta - r\mathrm{d}r\mathrm{d}\theta \tag{4-20}$$

忽略二阶无穷小, 微元体碎胀系数 k 可示为:

$$k = -\frac{u(r + \mathrm{d}r) - u(r)}{\mathrm{d}r} = -\frac{\mathrm{d}u}{\mathrm{d}r} \tag{4-21}$$

式中 u ——帮部煤岩 G 点位移, m;

　　r ——沿 OG 方向点 G 距巷道表面距离, m;

　　$\mathrm{d}u$ ——微元体沿 OG 方向位移改变量, m;

　　$\mathrm{d}r$ ——微元体沿 OG 方向长度, m。

以上表明, 微元体体积变化率 k 可用沿该位置与巷道中心连线方向位移梯度表达, 其大小与所处状态有关。深部软弱煤岩松动范围内微元体体积变化主要由碎胀引起, 体积变化率即位移梯度明显增大; 而塑性区内主要由煤岩微裂隙引起, 体积变化率即位移梯度较小。可以依据深部软弱煤岩位移梯度分布估算松动破碎范围, 为此需确定临界破碎状态值 $k_{\min}$ 值。

松动圈内任意点碎胀率可用沿该位置与巷道中心连线方向位移梯度表达。以松动范围内煤岩平均碎胀率作为指标综合评价煤岩碎胀效果, 可表示为:

$$\bar{k} = \frac{\int_L^0 K\mathrm{d}L}{L} = \frac{u_0 - u_L}{L} \tag{4-22}$$

式中 u_0 ——巷道表面位移, m;

　　u_L ——松动圈界面位移, m;

　　$\bar{k}$ ——松动破碎范围内平均碎胀率。

4.4.3.2 不同条件平均松动破碎率及其分布

通过数值模拟计算得出不同原岩应力、不同巷道断面条件下 u_0 及 u_L 值, 见表 4-15 和表 4-16。

表 4-15 不同原岩应力位移值

位置	$p = 10.0$MPa		$p = 12.0$MPa		$p = 14.0$MPa		$p = 18.0$MPa		$p = 20.0$MPa	
	u_0	u_L	u_0	u_L	u_0	u_L	u_0	u_L	u_0	u_L
aA 方向	147.0	19.3	200.0	20.5	280.0	23.8	449.0	29.1	615.0	30.6
bB 方向	55.7	55.7	75.6	70.3	91.3	63.6	146.5	71.4	177.2	78.9
cC 方向	57.0	57.0	77.9	66.2	108.9	74.1	190.0	90.3	241.0	98.3
dD 方向	63.3	63.3	82.8	79.0	104.7	100.5	160.6	156.8	194.8	153.4
eE 方向	42.7	42.7	57.2	55.0	74.9	68.8	120.6	80.2	159.4	80.5

表 4-16 不同巷道断面位移值

位置	巷道断面 6.0m×5.0m		巷道断面 5.0m×4.0m		巷道断面 4.0m×3.5m	
	u_0	u_L	u_0	u_L	u_0	u_L
aA 方向	615.0	30.6	459.0	18.3	339.0	17.3
bB 方向	177.2	78.9	128.5	74.8	105.0	69.9
cC 方向	241.0	98.3	158.0	88.4	115.7	73.5
dD 方向	194.8	153.4	132.8	115.7	110.6	104.8
eE 方向	159.4	80.5	110.4	68.5	90.8	71.5

结合表 4-13 和表 4-14 不同条件松动圈范围 L 的计算值，依据式（4-22）计算得出不同方向平均碎胀率，见表 4-17 和表 4-18。

表 4-17 不同原岩应力平均碎胀率

位置	平均碎胀率/%				
	$p=10.0$MPa	$p=12.0$MPa	$p=14.0$MPa	$p=18.0$MPa	$p=20.0$MPa
aA 方向	38.70	43.50	50.90	62.40	75.20
bB 方向	0.00	10.90	11.10	14.43	15.18
cC 方向	0.00	9.70	11.60	16.62	18.96
dD 方向	0.00	19.00	14.00	7.60	24.35
eE 方向	0.00	7.30	6.10	12.24	18.35

表 4-18 不同巷道断面平均碎胀率

位置	平均碎胀率/%		
	巷道断面 4.0m×3.5m	巷道断面 5.0m×4.0m	巷道断面 6.0m×5.0m
aA 方向	73.10	75.90	75.20
bB 方向	11.70	12.20	15.18
cC 方向	11.67	14.50	18.96
dD 方向	19.33	17.10	24.35
eE 方向	14.85	19.05	18.35

计算结果表明，随着原岩应力 p 增加，巷道两帮中部平均碎胀率 $\bar{k}$ 显著增加，高地应力巷道围岩两帮中部碎胀显著；不同巷道断面两帮中部都呈现显著碎胀，但巷道断面变化对两帮中部围岩平均碎胀率影响并不显著。

4.4.4　基于位移梯度的深部软弱围岩松动圈范围估算

根据式（4-17），围岩不同位置体积变化率即位移梯度绝对值可示为：

$$k = -\frac{\mathrm{d}u}{\mathrm{d}r} = \frac{k_1}{k_2}\mathrm{e}^{-r/k_2} \tag{4-23}$$

根据式（4-23），巷道周围不同位置煤岩体积变化率不同，巷道表面位置，即 $r = 0$ 时，位移梯度绝对值达到最大，即体积变化率达到最大，$k_{\max} = \dfrac{k_1}{k_2}$，随距巷道表面距离 r 增加呈指数衰减。当位移梯度绝对值减小至一定程度，该位置体积变化率 k 降低至临界值 $k_{\min}$，煤岩不再处于松动破碎碎胀状态，而是进入微裂隙赋存的塑性状态。如能确定松动破碎临界状态 $k_{\min}$ 值，就可通过式（4-23）计算相应位置距巷道表面距离 r，从而估算该位置松动圈范围 L_{p}。

围岩破碎变形主要体现在帮部，下面重点对帮部煤岩的破碎变形进行分析，分析不同原岩应力 p、不同巷道断面尺寸帮部软弱围岩位移梯度随距巷道表面距离的变化。

4.4.4.1　不同原岩应力巷道两帮中部位移梯度变化

巷道断面尺寸为 6.0m×5.0m，煤岩岩性为泥岩，原岩应力 $p = 10.0$MPa、12.0MPa、14.0MPa、18.0MPa、20.0MPa 时，巷道两帮中部位移梯度随距巷道表面的距离的变化如图 4-20 所示。

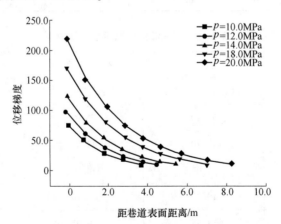

图 4-20　不同原岩应力煤岩位移梯度分布

由图 4-20 可以看出，原岩应力 $p = 10.0$MPa、12.0MPa、14.0MPa、18.0MPa、20.0MPa 时，巷道两帮中部表面最大位移梯度值分别为 78.6、99.0、125.6、170.7、219.6，巷道围岩位移梯度值随距巷道表面距离呈指数衰减。巷道围岩位移梯度值随着原岩应力的增加而显著增加，因此原岩应力显著影响煤岩的位移梯度值。

4.4.4.2 不同断面尺寸巷道两帮中部位移梯度变化

原岩应力 $p = 20.0$MPa，围岩岩性为泥岩，巷道断面分别为 4.0m×3.5m、5.0m×4.0m、6.0m×5.0m 时，巷道两帮中部位移梯度随距巷道表面距离变化如图 4-21 所示。

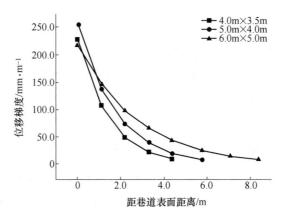

图 4-21　不同巷道断面围岩位移梯度分布

通过图 4-21 可知，巷道断面尺寸分别为 4.0m×3.5m、5.0m×4.0m、6.0m×5.0m 时，巷道两帮中部表面最大位移梯度值分别为 229.0mm/m、255.0mm/m、219.6mm/m，不同巷道断面尺寸，围岩位移梯度值随距巷道表面距离呈指数衰减，大断面巷道位移梯度衰减较慢。巷道围岩位移梯度值随断面尺寸增大变化不大，巷道断面尺寸对煤岩位移梯度值的影响作用不显著。

从图 4-20~图 4-21 可以看出，各方向不同位置围岩碎胀程度不同，距巷道表面一定范围体积碎胀系数 k 值较大，可认为围岩处于破碎充分的显著碎胀。随据巷道表面距离 r 增加，围岩体积碎胀系数 k 值呈指数衰减，当 k 值减小至某临界值 k_{min} 时，可认为围岩由松动破碎碎胀状态进入微裂隙赋存的塑性状态，可以根据岩石残余碎胀系数确定松动破碎范围。根据围岩残余碎胀系数大小，可取围岩处于松动破碎临界状态时体积碎胀系数 $k_{min} = 10.0$mm/m。

基于以上分析，可以得出深部软弱围岩大断面巷道两帮中部围岩碎胀程度分布显著不均衡，巷道表面附近一定范围会产生极为显著过度破碎。原岩应力 p 显著影响松动圈内围岩破碎程度及其分布，深部巷道两帮中部松动圈内围岩破碎程度显著且距巷道表面较大范围过度碎胀；巷道断面增大对深部巷道两帮中部松动圈范围内围岩平均碎胀程度影响并不显著，但显著增加巷道表面一定范围碎胀程度。

4.4.4.3　围岩松动破碎位移梯度绝对值临界容许值确定

图 4-20~图 4-21 结果表明，巷道埋深即原岩应力、巷道断面等影响围岩松动破碎范围，不同条件深部软弱泥岩围岩临界松动破碎状态位移梯度绝对值变化较小，一般在区间 $k_{\min}$ = 9.0 ~ 11.0 变化。针对深部软弱泥岩，可取泥岩松动破碎位移梯度绝对值临界容许值 $k_{\min}$ = 10.0。位移梯度 $k_{\min}$ ≥ 10.0 范围即为泥岩松动圈范围。

4.4.4.4　深部软弱泥岩围岩松动圈厚度估算公式

通过获得不同条件泥岩围岩位移 u 随距离 r 变化的回归方程式（4-17）及回归系数 k_1、k_2 值，依据式（4-24），考虑 $k_{\min}$ = 10.0，可按式（4-24）对深部软弱泥岩松动圈厚度进行估算：

$$L_p = k_2 \ln(10 k_2 / k_1) \tag{4-24}$$

4.4.5　基于位移梯度深部软弱泥岩围岩破碎分布特征

对不同条件泥岩围岩位移场分布数值模拟结果进行分析，泥岩位移 u 随巷道表面距离 r 较好地满足了回归方程式（4-17），结合式（4-23）可以得出，深部软弱泥岩碎胀度 k 随距巷道表面距离 r 增加呈指数衰减，由于不同条件巷道两帮中部碎胀显著，所以主要分析巷道两帮中部煤岩碎胀率分布。结合式（4-17）对不同条件两帮中部位移场分布进行回归分析，回归系数 k_1、k_2 值见表 4-7~表 4-8。依据式（4-23）得出不同条件两帮中部如图 4-3 所示围岩碎胀率分布，如图 4-20~图 4-21 所示。由图 4-20 可以看出，巷道表面位置碎胀率最大且随原岩应力 p 增加数值明显增大，巷道附近极过度碎胀率范围明显增加，如以碎胀率 k = 100mm/m 作为极过度碎胀率标准，原岩应力 p = 10.0 ~ 12.0MPa 时不存在极过度碎胀率区域，但 p = 18.0 ~ 20.0MPa 时极过度碎胀率范围达到 1.41 ~ 2.20m。由图 4-21 可以直观看出，不同巷道断面尺寸，巷道表面碎胀率最大且数值基本相同，但大断面巷道泥岩碎胀率衰减缓慢，巷道附近极过度碎胀率分布范围较大；如以碎胀率 k = 100mm/m 作为极过度碎胀率标准，巷道断面为 4.0m×3.5m 泥岩围岩分布范围约 1.23m，断面为 6.0m×5.0m 泥岩围岩分布范围约 2.20m。

4.5　深部岩巷碎胀范围及碎胀程度工程实测

松动圈形成是一个十分复杂的力学时空过程，它由许多不确定的因素确定，围岩岩性、巷道断面、埋深以及支护反力均可影响松动圈的大小。目前松动圈大小的测试方法有很多，主要有两种：一是物理方法；二是观察法。

（1）物理方法。常用物理方法主要包括声波法、地质雷达法、电阻率法等。

1）声波法是一种原理简单、测试技术可靠的测试方法。它是利用声波在岩体内传播速度的大小不同，以及岩石破碎程度不同其声速不同的原理来测试围岩松动圈的范围。因岩体介质密度不同，其波速伴随密度增加而增加。波速大说明围岩完整性好；相反，说明围岩存在裂隙、破碎，围岩发生破坏。围岩松动圈厚度就是通过测出距离围岩表面不同深度的岩体波速值，做出深度和波速曲线，然后根据有关地质资料推断出的。但声波法在测试中经常采用水作为耦合介质，实际操作比较困难，同时工作量也非常大。

2）地质雷达法是利用高频电磁波在介质内部界面的反射来探测岩体中的裂缝，是一种新型非损伤探测技术。该方法首先布置探测线，然后将雷达探头沿线移动，并将雷达图像的横坐标设为测线位置，纵坐标设为围岩内部的深度线，再将横坐标上每条测线松动深度绘制在断面图上，最后把这些点连接起来，即是松动圈外边界。地质雷达法测试精度高、数据准确，当场即可通过裂缝位置来得到松动圈范围，测试灵活迅速。

3）电阻率法是利用岩体的电阻率伴随着岩体内部裂隙、裂纹发育程度的变化而变化的原理来进行松动圈大小的测试。它通过向岩层中安置电极排列装置供电，测其电流 I 与电势差 ΔV 得到岩体的电阻率 ρ ，即：

$$\rho = \chi \frac{\Delta V}{I} \tag{4-25}$$

式中 χ ——系数；

ΔV ——电压降；

I ——电流。

该方法通过改变电极装置的布置来测得不同深度岩石电阻率变化，得到松动圈范围。此方法的优点是测试布点简单、观测方便、测试范围大；其缺点是对仪器的精度要求高、对电极装置的安置技术要求高。

（2）观察法。常用的松动圈观察法主要有多点位移计法、钻孔摄像法等。

以往多点位移计法主要是通过测量围岩不同测点位置位移，根据经验来估算围岩松动圈厚度，不能依据围岩松动圈厚度量化判别；本研究在已有研究基础上，得出了根据多点位移计实测结果来量化分析深部岩巷围岩松动破碎程度。钻孔摄像法是直接将高清探头放入钻孔中对裂缝进行拍照摄像，观测记录孔壁岩石破裂情况，通过比较分析，来测得松动圈范围及破碎程度。该测试方法可以直接对微观裂隙进行测试，其分析结果比较准确、操作简单。

综上，针对松动圈测试目前常用方法，每种测试都有其各自的优缺点，在本研究中，为了在工程实际中取得更加准确的结果，综合考虑各种测试方法的影响因素，确定采用多点位移计法和钻孔摄像仪来测试围岩松动圈范围及碎胀程度分布。

4.5.1 深部岩巷围岩碎胀范围及碎胀程度多点位移计观测及分析

深部岩巷围岩松动破碎区内位移分布与塑性区、弹性区范围明显不同，根据深部岩巷围岩位移场分布特征，选择合理指标估算围岩松动圈厚度具有工程实用价值。已有研究成果表明，可以采用工程中常用的多点位移计实测深部岩巷围岩不同测点位置位移，建立测点位移随其距巷道表面距离衰减量化公式，进一步获得测点位移梯度随距巷道表面距离衰减量化公式。根据不同条件处于松动破碎临界状态深部巷道围岩位移梯度值基本相同的特征及位移梯度的临界容许值，结合位移梯度随距巷道表面距离衰减回归方程，即可估算出深部岩巷围岩位移梯度取临界容许值时的松动圈范围。该方法操作简单，改变了传统测试方法操作复杂及不能实时全过程监测缺陷；同时由于根据实测结果对松动圈范围进行定量估算，保证了测量精度，可避免依据经验估算造成的明显误差。

4.5.1.1 主要步骤

（1）在巷道的待测部位开孔，并于孔内布置多点位移计，记录多点位移计的各测点距巷道表面的距离 r，同时每隔一段时间通过多点位移计测量记录各测点的位移 u。

（2）建立各测点的位移 u 随其距巷道表面的距离 r 的衰减公式：

$$u = k_1 e^{-k_2 r} \tag{4-26}$$

（3）将各测点距巷道表面的距离 r 和位移 u 代入回归公式（4-26），得出系数 k_1 和 k_2 值。

（4）建立各测点的位移梯度公式：

$$k = \frac{k_1}{k_2} e^{-r/k_2} \tag{4-27}$$

式中 k——各测点的位移梯度值，mm/m。

（5）确定岩巷围岩处于松动破碎临界状态的位移梯度临界容许值 $k_{\min}$ = 10.0mm/m；结合式（4-26）和 $k_{\min}$，按式（4-27）即可得出深部岩巷围岩松动圈厚度 L_p：

$$L_p = -k_2 \ln(10 k_2 / k_1) \tag{4-28}$$

以上所述多点位移计的测点为 3~4，其中一个测点位于原岩应力区，其余的测点位于围岩松动圈内。

4.5.1.2 具体实施方式

为测定巷道围岩松动圈厚度，在巷道帮部中间部位布置钻孔 1，并在孔内布置多点位移计 2，多点位移计布置如图 4-22 所示，巷道围岩布置四个测点 C、D、

E、F，其中 C、D、E 三个测点布置于松动圈范围附近，另外 1 个测点 F 则布置距巷道表面较远（一般超过 10.0m）的原岩应力区内。

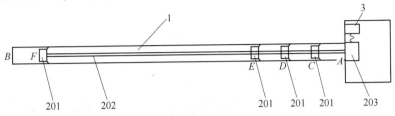

图 4-22 多点位移计布置图

多点位移计 2 的锚固头 201 为类似爪状金属构件，可以由孔口方便进入钻孔内任意位置与孔壁固定，每个测点对应一个锚固头 201，并通过钢丝绳 202 与固定在孔口的多点位移计的位移记录器 203 连接，位移记录器 203 通过数据线连接数据分析仪 3，数据分析仪 3 悬挂于巷道两旁安全牢固处，主要用于每隔一定时间（通常为一天）分析显示该部位的松动圈厚度。

由于测点 F 位于原岩应力区，即可认为测点 F 处不发生位移，位移 $u_F = 0$，而巷道表面的 A 点位移值 u_A 可用连接 A 点与测点 F 钢丝绳伸长量 Δ_1 记录；由于连接 A 点与测点 C 的钢丝绳伸长量 $\Delta_2 = u_A - u_C$，故测点 C 位移值可用 $u_C = u_A - \Delta_2$ 示之；同理，测点 D 位移值可用巷道表面 A 点位移值 u_A 与连接 A 点与测点 D 的钢丝绳伸长量 Δ_3 差值示之，即 $u_D = u_A - \Delta_3$；测点 E 位移值可用巷道表面 A 点位移值 u_A 与连接 A 点与测点 E 钢丝绳伸长量 Δ_4 差值示之，即 $u_E = u_A - \Delta_4$。

多点位移计的位移记录器 203 记录 A 点、测点 C、测点 D 及测点 E 的位移值，不同时刻深部围岩各测点的位移 u 随距巷道表面距离 r 衰减满足公式 $u = k_1 e^{-k_2 r}$。数据分析仪 3 依据公式对位移记录器 203 记录的巷道表面 A 点位移及松动破碎范围内围岩测点 C、测点 D、测点 E 位移值进行回归分析，得出系数 k_1 和 k_2。依据围岩中任意测点位移梯度公式 $k = \dfrac{k_1}{k_2} e^{-r/k_2}$，即可得到巷道帮部中间部位位移梯度分布。根据理论分析，经过大量工程实测并结合数值模拟结果表明巷道埋深、围岩岩性、巷道断面及支护强度等原始条件显著影响松动圈厚度，但相同岩性不同条件松动圈边界，即围岩处于松动破碎临界状态时位移梯度值基本相同，针对泥岩，可取松动破碎范围内泥岩位移梯度临界容许值 $k_{min} = -10.0$mm/m。结合式（4-27）和 k_{min}，按式（4-28）$L_p = -k_2 \ln(10k_2/k_1)$，即可得出深部泥岩巷道围岩松动圈范围 L_p。

4.5.2 深部岩巷围岩松动破碎的钻孔摄像观测

松动圈的精确测试可以为合理支护提供更加有力的指导。钻孔摄像仪与传统声波法、雷达法比较，具有直观、连续、准确以及简易性。钻孔摄像仪的应用，可以观测到巷道内 360° 范围松动圈厚度值在不同部位的分布规律，可以更好地判别围岩稳定性。

本研究采用如图 4-23 所示中国矿业大学研制与生产的 YTJ20 型钻孔摄像仪来观测围岩松动圈破碎情况，钻孔摄像仪构造由全景摄像头、钻孔摄像主机、深度测量轮、计算机以及安装杆五个部分组成。

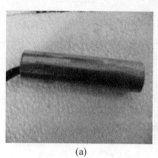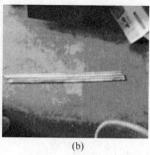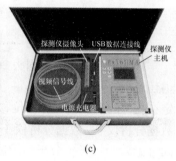

图 4-23　钻孔摄像仪构造

（a）全景摄像头；（b）钻孔摄像安装杆；（c）钻孔摄像仪主机

钻孔摄像测试围岩松动圈主要步骤：

（1）巷道典型两个不同位置处的顶板及两帮布置直径 $\phi32mm$、深度 3000mm 左右的钻孔，两测站断面大约相距 30m，利用锚杆钻机进行打孔，确保钻孔内清洁干净。

（2）将全景摄像头安装在安装杆上，穿过深度测量轮，连接在钻孔摄像主机上。

（3）将钻杆缓慢深入钻孔中，采用钻孔摄像主机及摄像头测试记录孔内各深度处围岩破碎情况。

（4）将存储在主机内的钻孔视频文件通过自带的 USB 接口与电脑连接，通过钻孔摄像软件系统对围岩内各不同深度围岩松动破碎情况进行直观分析，得出围岩松动范围。

钻孔摄像仪的工作原理为：钻孔摄像仪在推杆作用下，其钻孔摄像头缓慢进入围岩钻孔中，摄像头里的采光源照射孔内摄像区域，孔壁内经过镜面反射变换后形成图像，图像与罗盘方位图像一并进入摄像机，摄像机将摄取的图像经专用视频传输电缆传输至钻孔摄像主机内的视频分路器，一路进入主机内的存储设备，记录探测的全过程；另一路进入主机内的采集卡中进行数字化。由深度值控制采集卡的采集方式，在静止捕获方式下，图像被快速地存储起来，便于室内分析围岩松动圈厚度值，直到探头到达整个钻孔底部。

5 深部岩巷围岩稳定性判别及支护理论

深部岩巷围岩地质条件复杂多变，围岩不同部位松动破碎特征差别显著，根据理论分析、数值模拟结合工程实测来选择深部岩巷支护形式及参数与工程实践不尽一致，初步选择的支护形式及参数应用于工程实践后，应选择合理方法对围岩稳定性进行判别，并应在巷道开挖初期进行，以便对有"失稳"倾向的巷道进行及时二次支护，避免巷道变形后期"失稳"进行修复而造成的浪费。对深部岩巷围岩稳定性进行早期及时判别，对支护形式及参数（特别是常用的锚杆（索）支护）合理性进行评价，在此基础进行支护参数调整并及时进行二次支护有重要的工程应用价值。

5.1 基于巷道表面变形随时间的变化对围岩稳定性进行判别

5.1.1 巷道围岩变形随时间的变化规律分析

如图 5-1 所示，岩石在三轴压力作用下应力-应变主要分为以下五个阶段：OA 为岩石裂隙在压力作用下的压实阶段，AB 为岩石弹性变形阶段，BC 为岩石变形屈服阶段，CD 为岩石应变强化阶段，DE 为岩石峰值变形及破坏阶段。围压大小和岩石性质对围岩峰值压力、峰值后围岩变形以及残余强度有很大影响，矿井深部岩巷围岩表现为"软岩"特点，围岩受压达到峰值压力后产生较大变形才产生破坏并具有较大残余强度。

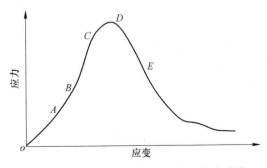

图 5-1 三轴围压作用下岩石应力-应变曲线

假设塑性变形区围岩变形属于体积不可压缩，巷道形状为圆形，初始地应力场为各向等值；围岩是均匀各向同性的黏性介质，符合连续介质力学假设，塑性区介质存在不可压缩性，则塑性区的应变状态用极坐标可表示为：

$$\varepsilon_\theta + \varepsilon_r = 0 \tag{5-1}$$

式中　ε_θ——切向应变；

　　　ε_r——径向应变。

$$\varepsilon_r = \frac{\mathrm{d}u}{\mathrm{d}r} \quad \varepsilon_\theta = \frac{u}{r} \tag{5-2}$$

式中　u——点径向变形，mm；

　　　r——点距巷道中心距离，mm。

考虑到黏塑性变形区岩石变形随时间的变化，将式（5-2）代入式（5-1）并积分，可得：

$$u = \frac{f(t)}{r} \quad \varepsilon_r = \frac{f(t)}{r^2} \quad \varepsilon_\theta = \frac{f(t)}{r^2} \tag{5-3}$$

式中　$f(t)$——与时间有关的系数。

黏弹性区的应力可示为：

$$\sigma_r = \sigma_0 - \frac{2}{r^2}\left[Gf(t) + \eta\frac{\mathrm{d}f(t)}{\mathrm{d}t}\right] \quad \sigma_\theta = \sigma_0 - \frac{2}{r^2}\left[Gf(t) + \eta\frac{\mathrm{d}f(t)}{\mathrm{d}t}\right] \tag{5-4}$$

式中　σ_r——测点径向应力，MPa；

　　　σ_θ——测点切向应力，MPa；

　　　η——黏性系数，MPa·d；

　　　G——剪切模量，MPa。

实验研究结果表明，三轴压缩煤岩大部分表现为剪切破坏，服从 Coulomb 强度准则，该准则认为岩石能承载的最大抗剪强度 $[\tau]$ 由黏结力 c、内摩擦角 φ 以及破坏面上正应力 σ 确定。最大剪应力可示为：

$$[\tau] = \sigma\tan\varphi + c \tag{5-5}$$

式中　$[\tau]$——岩石抗剪强度，MPa；

　　　σ——破坏面上正应力，MPa；

　　　c——岩石黏结力，MPa；

　　　φ——内摩擦角，(°)。

破坏面上最大剪应力为：

$$\tau = \frac{\sigma_1 - \sigma_3}{2} \tag{5-6}$$

式中　τ——破坏面上最大剪应力，MPa；

　　σ_1——最大主应力，MPa；

　　σ_3——最小主应力，MPa。

矿井深部巷道软岩摩擦角较小，黏结力较大，故深部围岩塑性破坏准则可表示为：

$$\sigma_1 - \sigma_3 = 2k_3 \tag{5-7}$$

式中 k_3 ——常数。

围压大小对岩石黏结力 c 及 k_3 值产生较大影响，k_3 大小可结合现场实际条件确定。

黏弹性区和黏塑性区边界在满足黏弹性区应力计算式（5-4）的同时还须满足式（5-7）。

由式（5-4）与式（5-7）可得：

$$Gf(t) + \eta \frac{\mathrm{d}f(t)}{\mathrm{d}t} = -\frac{1}{2}k_3R^2 \tag{5-8}$$

式中 R ——塑性圈半径，mm。

由式（5-8）可得：

$$f(t) = a_2 \mathrm{e}^{-\frac{G}{\eta}t} + b_2 \tag{5-9}$$

式中 a_2，b_2 ——系数。

$$b_2 = -\frac{k_3R^2}{2G} \tag{5-10}$$

由 $t = 0$ 时，$f(t) = 0$，可知：$a_2 + b_2 = 0$。由此可推断：

$$a_2 = \frac{k_3R^2}{2G} \tag{5-11}$$

将式（5-10）代入式（5-9）可得：

$$f(t) = \frac{k_3R^2}{2G}\mathrm{e}^{-\frac{G}{\eta}t} - \frac{k_3R^2}{2G} \tag{5-12}$$

令巷道半径为 R_0，将 $r = R_0$ 以及式（5-12）代入式（5-3），可得围岩表面变形随时间的变化为：

$$u = \frac{k_3R^2}{2GR_0}\mathrm{e}^{-\frac{G}{\eta}t} - \frac{k_3R^2}{2GR_0} \tag{5-13}$$

从式（5-13）中可以看出，当围岩塑性变形满足不可压缩假设时，围岩表面变形随时间的变化满足指数关系，其中表面变形增加速度衰减系数和剪切模量 G 及黏性系数 η 有关，围岩稳定时表面最大变形和围岩性质（k_3，G，η）、巷道半径（R_0）以及地应力（反映在对塑性圈半径 R 影响上）有关。令：

$$A = \frac{k_3R^2}{2GR_0} \tag{5-14}$$

式中 A ——围岩表面最大变形，mm。

$$B = -\frac{G}{\eta} \tag{5-15}$$

式中 B——围岩表面变形增长速度衰减系数，d^{-1}。

则式（5-13）可表示为：

$$u = A(1 - e^{-Bt}) \tag{5-16}$$

当 $t \to \infty$ 时，也就是说围岩表面变形最大值可示为：

$$u = A \tag{5-17}$$

工程实践中，由于施工条件限制，有时需待一定时间后才可以进行数据采集工作。假设从支护到开始数据采集的时间间隔为 t_0，设 $t = 0$ 时刻的围岩表面变形为 $u = 0$，则 $t = t_0$ 时刻围岩表面变形可表示为：

$$u_0 = A - Ae^{-Bt_0} \tag{5-18}$$

t 时刻围岩表面变形可示为：

$$u = A - Ae^{-Bt} \tag{5-19}$$

令 $t_1 = t - t_0$，$u_1 = u - u_0$，则式（5-19）可示为：

$$u_1 = A - Ae^{-Bt_0} \times e^{-Bt_1} - u_0 \tag{5-20}$$

将式（5-18）代入式（5-20）中，则得：

$$u_1 = Ae^{-Bt_0} - A \times e^{-Bt_0} \times e^{-Bt_1} \tag{5-21}$$

从式（5-21）中可以看出，如果以 u_1、t_1 为新的变量，则两者之间仍然满足指数变化关系，围岩变形随时间增长速率衰减系数仍然不变。令 $C = Ae^{-Bt_0}$，可得反映围岩表面最大变形 A 值为：

$$A = Ce^{Bt_0} \tag{5-22}$$

由上可知，从 $t = t_0$ 时刻进行数据采集经过换算可以得出围岩表面最大变形。

实际上，当围岩表面变形达到最大值的 99% 时，就可以认为围岩已经基本稳定，此时围岩表面变形作用时间可作为围岩达到稳定时的围岩变形时间：

$$t = \frac{4.61}{B} \tag{5-23}$$

以上分析是在体积不可压缩条件下得出的。随围岩应力增加，尽管围岩变形初期满足式（5-16），但随着时间及变形量增加，围岩变形不可压缩假设不再成立，此时围岩表面变形随时间的变化可以采用图 5-2 所示鲍格斯模型计算。

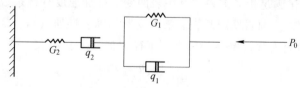

图 5-2　鲍格斯计算模型

由模型可知：

$$\tau = \tau_1 = \tau_2 = \tau_3 \tag{5-24}$$

$$\gamma = \gamma_1 + \gamma_2 + \gamma_3 \tag{5-25}$$

$$\tau_1 = G_1\gamma_1 + \eta_1 \frac{d_{\gamma_1}}{d_t} \tag{5-26}$$

$$\tau_2 = G_2\gamma_2 \tag{5-27}$$

$$\tau_3 = \eta_2 \frac{d_{\gamma_2}}{d_t} \tag{5-28}$$

由此可得，围岩表面变形随时间变化关系可示为：

$$u(t) = \frac{2p_0}{9j} + \frac{p_0}{3G_2} + \frac{p_0}{3G_1} - \frac{p_0}{3G_1}e^{-(G_1 t/\eta_4)} + \frac{p_0}{3\eta_5}t \tag{5-29}$$

式中　j——系数；

　　p_0——原岩应力，MPa；

G_1，G_2——剪切模量，MPa；

η_4，η_5——黏性系数，MPa·d。

　　围岩应力增加至一定程度，随时间及变形量增加，围岩变形将呈现如图 5-3 所示的加速变形。

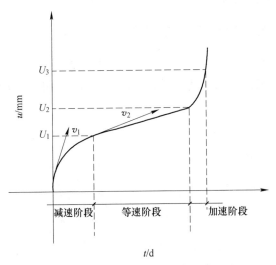

图 5-3　围岩表面变形随时间变化典型形式

　　围岩表面变形随时间变化可分为变形速度随时间减小的减速阶段、变形速度近似不变的等速阶段（即二次蠕变阶段）和变形速度随时间增长的加速阶段。不同条件，围岩表面变形随时间变化呈现为以下三种形式：

（1）围岩表面变形随时间增加仅呈现减速阶段而趋于稳定；

$$u = A(1 - e^{-Bt}) \tag{5-30}$$

（2）围岩表面变形呈现减速阶段、等速阶段，但最终趋于稳定；

$$u = \begin{cases} A(1 - e^{-Bt}), & t < t_0 \\ A(1 - e^{-Bt_0}) + \lambda_1(t - t_0), & t \geq t_0 \end{cases} \tag{5-31}$$

（3）围岩表面变形呈现减速阶段、等速阶段后，最终进入加速阶段而失稳。

$$u = \begin{cases} A(1 - e^{-Bt}), & t < t_0 \\ A(1 - e^{-Bt_0}) + \lambda_1(t - t_0), & t_1 \geq t \geq t_0 \\ A(1 - e^{-Bt_0}) + \lambda_1(t - t_0) + \lambda_2 e^{\lambda_3 t}, & t > t_1 \end{cases} \tag{5-32}$$

其中式（5-31）可近似表达为：

$$u = \begin{cases} A_1(1 - e^{-B_1 t}), & t < t_0 \\ A_1(1 - e^{-B_1 t_0}) + A_2(1 - e^{-B_2(t - t_0)}), & t \geq t_0 \end{cases} \tag{5-33}$$

式（5-31）的等速变形阶段可以近似采用式（5-33）所示的二次蠕变阶段表示。

围岩表面变形呈现第一种形式时，围岩变形虽保持稳定，但围岩自承载力并未充分发挥；呈现第三种形式时，围岩将加速变形而失稳；呈现第二种形式时，围岩变形不仅保持稳定，同时围岩自承载力也得以充分发挥。

5.1.2 基于巷道围岩二次蠕变特征的稳定性判据

本研究结合已有理论分析、数值模拟及工程实测结果，得出了围岩表面变形典型形式与支架受荷随时间演化呈现的对应关系如图5-4~图5-6所示。

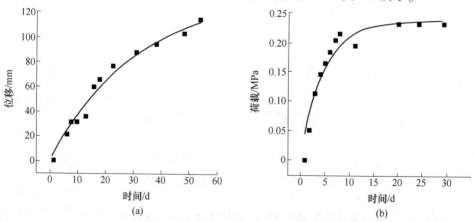

图 5-4　围岩表面变形与支架受荷随时间演化对应关系
（a）巷道表面变形随时间演化；（b）支架受荷随时间演化

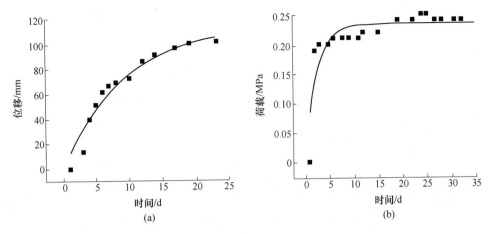

图 5-5　围岩表面变形与支架受荷随时间演化对应关系
（a）巷道表面变形随时间演化；（b）支架受荷随时间演化

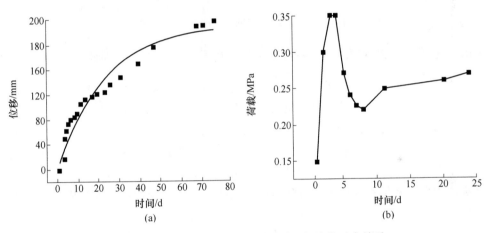

图 5-6　围岩表面变形与支架受荷随时间演化对应关系
（a）巷道表面变形随时间演化；（b）支架受荷随时间演化

从图 5-4（a）可以看出，围岩表面变形随时间演化呈现一次蠕变后趋于稳定，反映一次蠕变特征的系数 $A_1 = 114.9$，$B_1 = 0.11$；与之相对应的图 5-4（b），支架受荷在较短时间内达到最大并趋于稳定。从图 5-5（a）可以看出，围岩表面变形随时间演化呈现二次蠕变后趋于稳定，反映二次蠕变特征的系数 $A_2 = 193.2$，$B_2 = 0.05$；与之相对应的图 5-5（b），支架受荷在较短时间内达到最大值后有较小的"波动"变化。从图 5-6（a）可以看出，围岩表面变形随时间演化呈现二次蠕变后趋于加速"失稳"，反映一次蠕变特征的系数 $A_2 = 228.2$，$B_2 = 0.035$；与之相对应的图 5-6（b），支架受荷在极短时间内达到最大值后快速减小并随后呈"波动"变化。支架受荷随时间演化呈现显著下降及波动是由于巷道表面产生了"过度"破碎，失稳形成，可以根据支架受荷随时间演化特征来推断围岩稳定性。图5-5（a）围岩二次蠕变速度衰减系数 $B_2 = 0.05$，图5-5（b）支架受荷随时间变化支架受荷略有波动，说明围岩变形基本稳定；图5-6（a）围岩二次蠕变速度衰减系数 $B_2 = 0.35$，图5-6（b）支架受荷随时间呈现显著"波动"，说明围岩变形趋于"失稳"。理论分析及现场大量实测结果表明，不同岩性围岩，当围岩二次蠕变速度衰减系数 $B_2 \geq 0.04$ 时围岩变形保持稳定；当围岩二次蠕变速度衰减系数 $B_2 \leq 0.04$ 时，围岩表面破裂，围岩变形趋于不稳定。由于围岩地质条件及地压的不同，不同地段巷道围岩变形不同，采用相同支护形式及参数可能造成巷道局部地段"失稳"，为保持围岩变形稳定，应在有"失稳"趋势的地段和部位进行二次支护。现场大量实测结果还表明，围岩产生二次蠕变的时间与岩石性质及地压大小等有关，围岩二次蠕变速度衰减系数 $B_2 \leq 0.04$ 时，一般在 $10 \sim 20d$ 左右。因此，现场可以通过测量30d左右围岩表面变形随时间的变化，通过式（5-33）估算围岩二次蠕变速度衰减系数 B_2 值大小，依据 B_2 大小判断围岩稳定性，并在 $B_2 \leq 0.04$ 围岩二次蠕变地段及时进行二次支护。

5.1.3　基于二次蠕变速度衰减系数的深部岩巷围岩稳定性工程判别

为了量化判别深部岩巷围岩变形稳定性进而选择合理二次支护保持围岩稳定，于是采用多点位移计实测围岩表面变形随时间的演化，根据围岩表面变形随时间的演化特征分析围岩变形速度随时间的演化，选择围岩二次蠕变速度衰减系数 B_2 来判断深部岩巷围岩稳定。为实现该目的，研制了一种可直接分析深部围岩稳定性的装置，主要包括位移计、数据分析仪。如图5-7所示，位移计主要为爪头位于近原岩位置并用于测量随时间变化的巷道表面变形；数据分析仪包括用于记录巷道表面碎胀变形的数据记录器，用于分析碎胀变形数据的数据处理器以及用于显示碎胀变形数据处理结果的数据显示器。位移计及数据分析仪通过信号线连接。位移计通过信号线与数据分析仪的数据记录器连接；数据分析仪中的数据处理器通过对数据记录器记录不同时刻的碎胀变形，得出不同时刻巷道表面变形速度、二次蠕变速度衰减系数；数据分析仪中数据显示器显示巷道表面变形及变形速度随时间演化曲线、不同时刻蠕变速度衰减系数、设定二次蠕变速度衰减系数容许临界值，动态比较蠕变速度衰减系数实测值与容许临界值，及时对巷道围岩稳定性进行预警。

在巷道围岩易于失稳的关键部位 AB 位置钻孔1，钻孔1中布置多点位移计，巷道围岩内近于原岩位置孔底布置位移计锚固头2，通过钢丝绳3与固定在孔口多点位移计的位移记录器4连接，位移记录器4通过数据线连接数据分析仪5。E 点锚固头2位于近原岩位置，该位置变形量 $u_E \approx 0$；钢丝绳3长度变化 $\Delta l =$

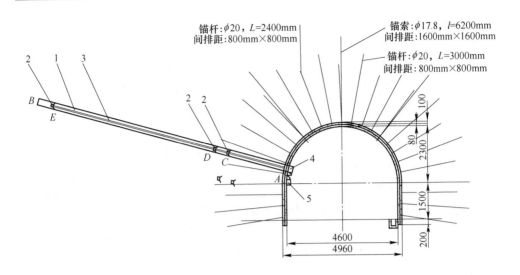

图 5-7 深部岩巷围岩稳定性现场判别装置

$u_A - u_0$，巷道表面 A 点变形可示为 $\Delta l \approx u_A$，可通过记录钢丝绳长度变化来计算巷道表面 A 点变形。数据记录器主要用于记录钢丝绳长度变化，即不同时刻巷道表面 A 点变形量，可以记录 1000 次围岩表面变形值；数据分析仪中数据处理器对数据记录器中记录的数据进行分析，分析巷道表面变形位移速度随时间演化及不同时刻巷道表面蠕变速度衰减系数，以巷道表面变形随时间演化曲线的切线斜率作为不同时刻变形被速度 v，分析时间段内变形速度 v 随时间 t 的演化，得出分析时间段内巷道表面变形速度衰减系数 B_2。数据分析仪中数据显示器将围岩表面变形以及变形速度随时间演化分析结果以曲线动态显示，每天显示巷道表面蠕变速度衰减系数 1 次且与设定的容许临界值实时动态比较并及时报警。取巷道表面蠕变速度衰减系数容许临界值为 $B_2 = 0.04$，$B_2 \geqslant 0.04$ 时巷道围岩变形处于稳定状态，$B_2 < 0.04$ 时巷道围变形有"失稳"发展趋势，实时比较 B_2 实测值与其容许临界值，对深部巷道围岩稳定性进行"动态"监测并及时预警，及时采用二次加强支护。

5.2 深部岩巷锚杆（索）支护合理性评价

如图 5-7 所示，淮北矿区目前普遍采用在巷道围岩一定厚度范围内布置预应力锚杆，形成锚杆压缩拱，在巷道围岩较大厚度范围内布置预应力锚杆（锚索）形成锚索压缩拱，锚杆压缩拱与锚杆（锚索）压缩拱共同作用，可辅助金属支架等支护保持围岩变形稳定。由于深部巷道赋存条件的复杂性，完全量化确定深部巷道围岩锚杆及锚索支护参数的合理性还难以达到，目前主要依据理论分析、数值模拟、工程实测并结合工程经验选择巷道围岩锚杆及锚索支护参数，难以达到预期效果，支护后的深部岩巷围岩变形可能仍存在"失稳"趋势。由于巷道局部"失稳"造成巷道整体失稳在工程中普遍存在，选择合理方法评价锚杆（索）支护的合理性，进一步选择合理二次支护至关重要。

为了解决上述技术问题，本研究结合已有的研究成果，提出了一种简单方便的工程实测方法对深部巷道围岩锚杆及锚索支护参数合理性进行评价，在此基础上确定合理锚杆及锚索支护参数。

深部巷道围岩浅部锚杆锚固区、围岩深部锚杆（索）锚固区以及围岩变形 $u(t)$ 随时间 t 变化主要呈现三个阶段：（1）由式（5-31）反映的围岩变形减速阶段；（2）由式（5-32）反映的围岩变形等速阶段；（3）围岩变形由等速阶段发展至加速阶段而失稳或再次转化为减速阶段而保持稳定。研究表明，合理支护不仅要保证浅部锚杆锚固区、深部锚杆（索）锚固区及围岩变形稳定，同时应使各区段围岩承载力得到充分发挥且支护成本最低。支护合理性可以通过反映等速阶段变形速度系数 λ_1 值来评价。在确定不同区段深部巷道围岩承载力得到充分发挥时等速阶段变形速度合理取值 $\lambda_{1合理}$ 基础上，工程中可以通过监测深部巷道浅部围岩锚杆锚固区、深部锚杆（索）锚固区以及锚固区外围岩变形 $u(t)$ 随时间 t 的演化特征，分析不同区段等速阶段围岩变形速度系数 λ_1 并与 $\lambda_{1合理}$ 比较来评价锚杆、锚杆（索）支护参数的合理性并确定合理的支护参数。在围岩变形早期即可判别支护合理性并及时进行支护参数调整，在保证安全的基础上使支护成本最低。

针对 $f = 4 \sim 6$ 的软弱围岩，主要包括以下步骤：

（1）如图 5-7 所示，在深部巷道围岩易于失稳关键部位钻孔，钻孔深度超过围岩范围并进入原岩中，一般超过 10.0m。理论分析、数值模拟、工程实测及大量工程实践都表明，深部岩巷围岩距巷道表面距离超过 10.0m 时变形量很小；图 5-7 所示 AB 部位围岩松动破碎范围及破碎程度最为显著，对该部位锚杆、锚索支护合理性进行评价保持该部位围岩稳定最为关键。

（2）在钻孔中布置多点位移计，距巷道表面不同距离 r_1、r_2、r_3 位置布置第一锚固头、第二锚固头、第三锚固头。令锚杆长度、锚杆（索）长度、巷道帮部围岩松动破碎范围分别为 L_1、L_2、L_3，其中测点 C 位于浅部锚杆锚固区内，$r_1 \approx L_1$；测点 D 位于深部锚杆（索）锚固区内，$r_2 \approx L_2$；测点 E 位于巷道帮部围岩范围之外的原岩内，$r_3 > L_3$。

（3）记录不同时刻 t 连接第一锚固头的第一钢丝绳伸长量为 $\Delta l_1(t)$，连接第二锚固头的第二钢丝绳伸长量为 $\Delta l_2(t)$，连接第三锚固头的第三钢丝绳伸长量为 $\Delta l_3(t)$。

（4）定义不同时刻 t 锚杆锚固区、锚杆（索）锚固区、锚固区外围岩变形量分别为 $u_1(t)$、$u_2(t)$、$u_3(t)$。并计算 $u_1(t)$、$u_2(t)$、$u_3(t)$ 值，分别为 $u_1(t) =$

$\Delta l_1(t)$，$u_2(t) = \Delta l_2(t) - \Delta l_1(t)$，$u_3(t) = \Delta l_3(t) - \Delta l_2(t)$。

（5）根据 $u_1(t)$、$u_2(t)$、$u_3(t)$ 值的实测结果，采用最小二乘法法按式（5-32）对各区段软弱围岩变形减速阶段、等速阶段 $u(t)$ 随时间 t 演化进行回归分析。

（6）依据以上回归分析结果，确定反映 $u_1(t)$、$u_2(t)$、$u_3(t)$ 随时间 t 变化的等速阶段变形速度系数 λ_1。特别地，如果围岩变形随时间演化仅呈现减速阶段并趋于稳定，可认为 $\lambda_1 = 0$。

（7）根据数值模拟及大量工程实测结果，确定 $f = 4 \sim 6$ 时锚杆锚固区、锚索锚固区以及锚固区外各区段围岩承载力得到充分发挥时，围岩变形等速阶段变形速度容许临界值分别为 $\lambda_{1合理} = 1.0\text{mm/d}$、$\lambda_{1合理} = 0.5\text{mm/d}$、$\lambda_{1合理} = 0.5\text{mm/d}$。

（8）将回归分析得出的反映各区段围岩等速阶段变形速度系数 λ_1 分别与各区段围岩等速阶段变形速度合理值 $\lambda_{1合理}$ 进行比较，依据表 5-1 评价锚杆及锚杆（索）支护参数的合理性并及时调整支护参数。

表 5-1 深部岩巷锚杆（索）支护合理性评价

各区段等速阶段变形速度系数 λ	锚杆锚固区 λ_1		锚索锚固区 λ_1		锚固区外 λ_1	
各区段等速阶段变形速度系数 λ 与合理取值 $\lambda_{合理}$ 比较	$\lambda_1 < 0.8\lambda_{1合理}$	$\lambda_1 \geq 1.2\lambda_{1合理}$	$\lambda_1 < 0.8\lambda_{1合理}$	$\lambda_1 \geq 1.2\lambda_{1合理}$	$\lambda_1 < 0.8\lambda_{1合理}$	$\lambda_1 \geq 1.2\lambda_{1合理}$
锚杆、锚索支护参数合理性评价	锚杆间排距不合理	锚杆间排距不合理	锚杆（索）间排距及锚杆（索）长度不合理	锚杆（索）间排距及锚杆（索）长度不合理	锚杆（索）长度不合理	锚杆（索）长度不合理
支护参数调整	锚杆预紧力满足要求前提下增大锚杆间排距	锚杆预紧力满足要求前提下减小锚杆间排距	锚杆（索）预紧力满足要求前提下增大锚杆（索）间排距、减小锚杆（索）长度	锚杆（索）预紧力满足要求前提下减小锚杆（索）间排距、增加锚杆（索）长度	锚杆（索）预紧力满足要求前提下减小锚杆（索）长度	锚杆（索）预紧力满足要求前提下增加锚杆（索）长度

（9）深部巷道开挖 25d 左右围岩变形即由减速阶段转化为等速阶段，尽管等速变形阶段持续时间较长，但在等速变形阶段初期 5~10d 即可确定各区段等速阶段变形速度系数 λ_1，即在煤岩变形早期 30~35d 即可判别支护合理性并及时进行支护参数调整，在保证安全的同时使支护成本降低。

5.3 锚杆支护理论设计方法

5.3.1 锚杆支护理论

5.3.1.1 悬吊理论

悬吊理论是在 1952~1962 年由 Louis A. Panek 提出的。该理论认为，锚杆支护作用机理就是将巷道顶板较软弱岩层悬吊在上部未松动的稳定岩层上，以此来增加上部软弱岩层的稳定性。依据锚杆悬吊的不稳定岩层的重量来计算锚杆直径和间排距，根据不稳定岩层厚度计算锚杆长度。其原理如图 5-8 所示。

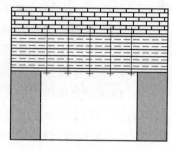

图 5-8 悬吊理论示意图

5.3.1.2 组合梁理论

组合梁理论认为巷道顶板中存在着若干分层的层状顶板，如果把层状顶板看做梁，巷道左右两帮看做支点，则打完锚杆后就形成组合梁，这种岩梁支承其上部的岩层载荷，可通过计算组合梁所需要的承载力来确定支护参数。原理图如图 5-9所示。

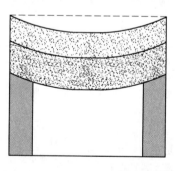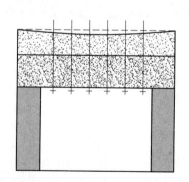

图 5-9 组合梁理论示意图

5.3.1.3 组合拱理论

组合拱理论认为在直墙半圆拱形巷道围岩破裂圈布置锚杆时，在杆体两端会形成圆锥分布的压应力，各锚杆形成的压应力在岩体内相互交错，形成一个均匀的承压拱。承压拱承受上部破碎岩石施加的径向荷载，承压拱内围岩强度提高，支撑能力增加。该理论利用组合拱内围岩承载力并根据组合拱厚度和强

度进行支护参数的设计，适用于拱形巷道断面设计。组合拱理论示意如图 5-10
所示。

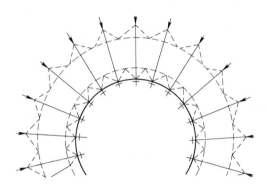

图 5-10 组合拱理论示意图

5.3.1.4 围岩松动圈支护理论

围岩松动圈是由于巷道开挖后，原岩应力的平衡状态被打破，围岩形成应力
集中超过围岩自身强度而在巷道周围形成的碎裂带。围岩松动圈是普遍存在的，
巷道开挖前，地下岩体处于三向应力平衡状态，一旦开巷，巷道四周径向应力逐
渐减小为零，围岩强度急剧减小；同时，围岩出现应力集中，当集中应力大于围
岩强度时，巷道围岩将出现由四周向深部发展的破坏，直到重新取得三向应力平
衡状态，此时围岩就出现松弛破碎带，即为围岩松动圈。董方庭教授等在大量现
场和实验研究基础上，提出了可以采用工程实测的松动圈厚度对围岩稳定性进行
分类，并依此选择合理支护形式的著名松动圈支护理论，因而，围岩松动圈大小
的精确测试对巷道的破坏范围及支护方式的确定具有重要意义。

5.3.1.5 围岩加固理论

深井巷道表现出软岩特性，现代科学技术采用工程地质学和力学相结合的方
法，分析深部软岩大变形力学机理，提出了一种软岩巷道支护理论，如新奥法
等。软岩支护理论认为，地下结构工程的破坏是由于支护体与围岩强度、刚度
和结构上存在不耦合性造成的，巷道支护应该从软岩变形机理入手，将复合型
支护转化为单一支护形式，并且尽量使用二次支护技术，一次支护可以充分发
挥围岩自承载力，二次支护是关键时间、关键部位的支护，是经济合理有效的
支护。

不同锚杆支护理论有不同适应范围，应根据松动圈厚度结合围岩结构与力学
性质来选择锚杆支护理论，为此，应测量围岩松动圈范围。

5.3.2 围岩稳定性分类

目前，造成围岩支护难题的原因是由于对围岩的分类不够精确，进而不能获得十分准确的支护参数。大量工程实际表明，围岩收敛变形及支护难易程度与松动圈大小息息相关，松动圈大的巷道，围岩收敛变形及支护困难；相反，松动圈小巷道，围岩变形易于保持稳定。

根据松动圈厚度和围岩碎胀变形量的不同，可将巷道开挖后的围岩分为小松动圈围岩、中松动圈围岩、大松动圈围岩三类，不同松动圈大小围岩支护机理及方法见表5-2。

表5-2 围岩松动圈分类及支护

围岩类别	分类名称	围岩松动圈/cm	支护机理及方式	备 注
小松动圈	I 稳定围岩	0~40	喷混凝土支护或裸体	围岩整体性好，不易风化的可不支护
中松动圈	II 较稳定围岩	40~100	锚杆悬吊理论 喷层局部支护	
大松动圈	III 一般围岩	100~150	锚杆组合拱理论 喷层金属网局部支护	刚性支护有局部破坏
	IV 一般不稳定围岩	150~200	锚杆（索）组合拱理论、喷层金属网局部支护	刚性支护大面积破坏，采用可缩性支护
	V 不稳定围岩	200~300	锚杆（索）组合支护理论、喷层金属网局部支护	围岩变形有稳定期
	VI 极不稳定围岩	>300	综合治理	围岩变形一般在支护下无稳定期

6 典型地质条件深部岩巷围岩松动破碎变形及合理支护分析

6.1 许疃矿 $3_2$38 底抽巷围岩松动破碎变形及支护合理性分析

6.1.1 许疃矿 $3_2$38 底抽巷围岩松动破碎变形数值模拟分析

6.1.1.1 模型尺寸及边界条件

连续介质模型边界条件有三种类型：一是应力边界条件，即在巷道表面施加集中力和均布荷载；二是位移边界条件，即确定边界各点的位移分量，当边界位移分量为零时即约束；三是混合边界条件，即在边界某些方向上存在位移，在另一个方向上存在已知力。在地下工程结构的各模拟分析中，边界条件的确定对于计算模型是不可缺少的，尤其是约束边界条件，没有约束的计算模型在不平衡力的作用下将产生平动或转动。在数值模拟计算中，要尽量使得模型的边界条件与实际情况相符，以此增加计算精度，逐渐消除边界条件对于计算模型中产生的误差。除此之外，要尽可能保证计算模型有足够大的区域，使得分析的重点区域处于距边界有一定距离的模型中央部位。本研究以许疃矿 $3_2$38 底抽巷工程实际为模型，应用 FLAC 3D 软件，采用数值模拟方法分析巷道围岩松动破碎变形。如图 6-1 所示，该模拟巷道为直墙半圆拱形。巷道周围 60.0m 范围以外受力状态与原岩状态几乎一致，取模型几何尺寸为：长×宽 = 60.0m×60.0m。建立数值计算模型，如图 6-1 所示，该计算模型所要模拟的是半无限体边界受竖向均布荷载所产生的位移变形问题，可将约束简化为计算模型两侧水平 X 方向约束，底部 Y 方向竖直约束，即三边固定；顶部受与原岩应力大小相同的均布荷载作用，根据巷道埋深，取作用于模型均布荷载 $p = 14.0$MPa。根据工程中锚杆（索）支护参数，在计算模型采用杆单元代表锚杆（索）支护。

6.1.1.2 数值计算模型

选择巷道掘进过程中，围岩岩性主要呈现为砂岩、泥岩，本研究取泥岩和砂岩为研究对象，泥岩、砂岩物理力学参数见表 4-1 的工程实测结果，锚杆（索）力学参数见表 2-5，本构模型选用 MC 准则或 SS 准则，锚杆（索）预紧力可以通过杆单元所产生的预应变来施加，分析岩性为砂岩及泥岩时围岩变形。

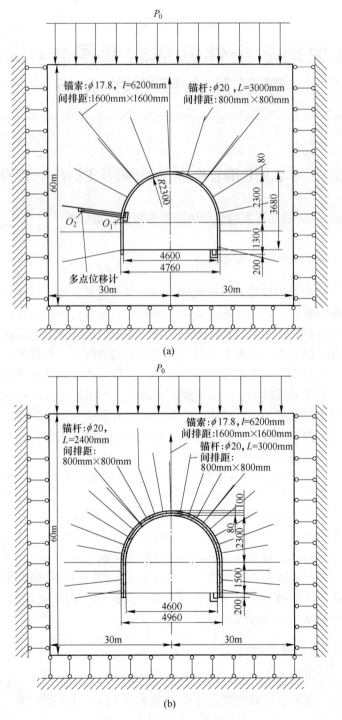

图 6-1 数值计算模型示意图

(a) 砂岩; (b) 泥岩

6.1.1.3 本构关系

围岩岩性为砂岩时，本构模型选择 MC 准则，围岩黏结力及内摩擦角等力学参数按表 2-1 选取。围岩岩性为泥岩时，由于岩性较差，围岩产生较大范围松动破碎，选择 SS 准则进行分析。峰后黏结力 c 及内摩擦角 φ 随围岩变形损伤见式（4-16）及表 4-11。

6.1.2 数值计算结果及分析

6.1.2.1 围岩表面变形数值模拟结果

目前支护强度下，岩性为泥岩及砂岩时围岩表面变形数值模拟结果如图 6-2 所示。

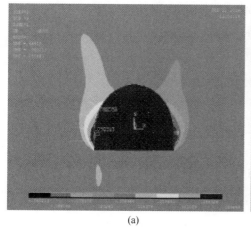 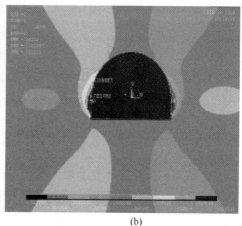

(a) (b)

图 6-2 不同岩性巷道围岩变形数值模拟
（a）泥岩；（b）砂岩

计算结果表明，围岩岩性为泥岩时表面最大变形约为 65.0mm，围岩岩性为砂岩时表面最大变形约为 24.0mm。

6.1.2.2 围岩位移场数值模拟结果

取如图 6-1 所示 $O_1 O_2$ 方向，分析 $O_1 O_2$ 方向不同位置位移随距巷道表面距离变化，如图 6-3 所示。

由图 6-3 可知，巷道围岩 $O_1 O_2$ 方向不同位置位移 u 随距巷道表面距离 r 变化较好，满足如下回归方程：

$$u = k_1 e^{-r/k_2} \tag{6-1}$$

式中 k_1，k_2——回归方程系数。

采用最小二乘法回归，可得围岩岩性为砂岩时 $k_1 = 27.0$，$k_2 = 1.01$；围岩岩性为泥岩时 $k_1 = 65.0$，$k_2 = 2.4$。

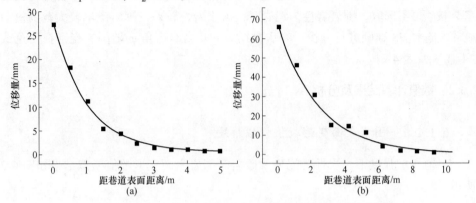

图6-3 巷道围岩 O_1O_2 方向不同位置位移随距巷道表面距离变化

（a）砂岩；（b）泥岩

6.1.2.3 巷道围岩碎胀程度分析

围岩体积碎胀系数 k 为：

$$k = \frac{k_1}{k_2} e^{-r/k_2} \tag{6-2}$$

6.1.2.4 深部岩巷围岩松动破碎进一步分析

依据式（6-2）可得巷道围岩 O_1O_2 方向不同位置围岩体积碎胀系数 k 随距巷道表面距离 r 的变化，如图6-4所示。

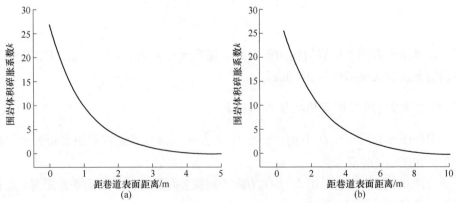

图6-4 巷道围岩 O_1O_2 方向不同位置体积碎胀系数随距巷道表面距离变化

（a）砂岩；（b）泥岩

不同条件处于临界松动破碎状态围岩体积碎胀系数可取为 $k_{\min}$ = 10.0mm/m，依此确定松动圈厚度为 L_p：

$$L_p = - k_2 \ln(10k_2/k_1) \tag{6-3}$$

根据图 6-3 数值模拟结果，采用式（6-1）进行回归分析得出的围岩岩性为砂岩及泥岩时的回归方程系数，可得许疃矿 $3_2 38$ 底抽巷巷道围岩为泥岩地段时松动圈厚度 L_p = 2390mm，为砂岩地段时松动圈厚度 L_p = 1100mm。

6.1.3 许疃矿 $3_2 38$ 底抽巷围岩松动破碎变形现场实测及结果分析

6.1.3.1 深部岩巷围岩松动破碎变形多点位移计观测

许疃矿 $3_2 38$ 底抽巷巷道围岩为泥岩地段，采用多点位移计进行围岩不同位置测点位移的现场实测，实测结果如图 6-5 所示。

根据许疃矿 $3_2 38$ 底抽巷泥岩地段多点位移计实测结果，采用式（6-1）进行回归分析，得出回归方程系数 k_1 = 80.0，k_2 = 1.88。依据式（6-3）得出围岩松动圈厚度 L_p = 2720.0mm。

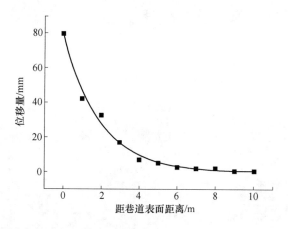

图 6-5 巷道围岩 $O_1 O_2$ 方向不同位置位移随距巷道表面距离变化

6.1.3.2 深部岩巷围岩松动破碎的钻孔摄像观测及分析

许疃矿 $3_2 38$ 底抽巷巷道围岩为泥岩地段时，巷道顶部、左帮及右帮距表面 h =1000mm、2000mm、3000mm 位置围岩松动破碎图片如图 6-6~图 6-8 所示。

根据拍摄的照片，可以看出围岩岩性为泥岩时松动圈厚度 L_p = 2000~3000mm。

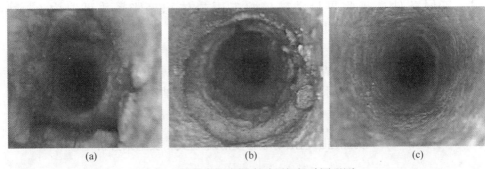

(a)   (b)   (c)

图 6-6   围岩岩性为泥岩时顶板松动圈观测

（a）$h = 1000mm$；（B）$h = 2000mm$；（c）$h = 3000mm$

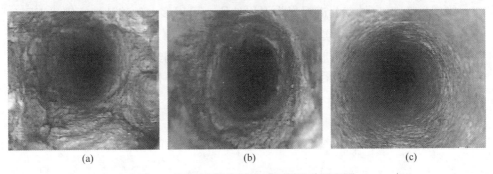

(a)   (b)   (c)

图 6-7   围岩岩性为泥岩时左帮松动圈观测

（a）$h = 1000mm$；（b）$h = 2000mm$；（c）$h = 3000mm$

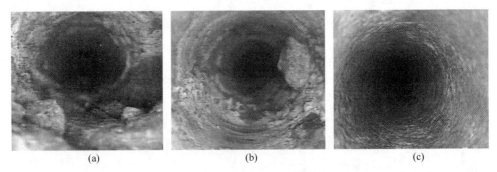

(a)   (b)   (c)

图 6-8   围岩岩性为泥岩时右帮松动圈观测

（a）$h = 1000mm$；（b）$h = 2000mm$；（c）$h = 3000mm$

6.1.4   许疃矿 $3_2 38$ 底抽巷围岩支护合理性分析

6.1.4.1   围岩岩性为砂岩时支护合理性分析

根据数值模拟结果，许疃矿 $3_2 38$ 底抽巷围岩岩性为砂岩地段时松动圈厚度

L_p = 1000 ~ 1500mm 之间，属中等松动圈厚度一般围岩。

A 顶板锚索支护合理性分析

根据分析结果，巷道围岩为砂岩时，顶板施加锚索和不施加锚索数值模拟结果如图 6-9 所示。数值模拟结果表明两者作用效果基本相同。砂岩条件下锚索作用效果不明显，建议取消。

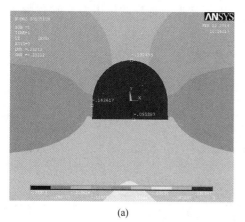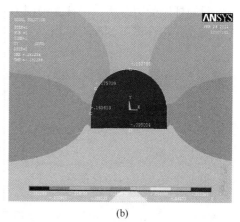

(a)   (b)

图 6-9 有无锚索巷道围岩变形数值模拟结果对比

(a) 无锚索；(b) 有锚索

B 锚杆预紧力合理性分析

a 锚杆预紧力

巷道开掘后，围岩产生变形和位移是必然的。但过度变形，将导致围岩结构破坏，使围岩完全丧失自身承载能力。恰当的锚杆初锚力可以改变围岩应力状态，提高围岩刚度，增强岩层层面间的力学联系，提高围岩自身承载能力，使围岩变形和锚杆受荷协调发展。本巷道围岩整体性较好，施加预紧力主要是使围岩变形在达到极限容许值的同时，锚杆受荷达到极限承载力。因此，需要进行锚杆预紧力合理性分析。

文献《锚固预紧力与预紧力矩相互关系的研究》通过建立锚杆力学模型，基于支护时锚固区围岩处于弹塑性状态，分析研究了预紧扭矩与预紧力的关系，并得出了预紧力计算式：

$$F_y = \frac{24(3\sqrt{3}D_1^2 - 2\pi D_2^2)}{12(\tan\alpha + i)(3\sqrt{3}D_1^2 - 2\pi D_2^2)D + [3\sqrt{3}(3\ln3 + 4)D_1^3 - 16\pi D_2^3]\mu}M$$

(6-4)

式中　α——螺纹升角，α = 12°；

　　　i——丝扣间的摩擦系数，i = 0.1；

　　　μ——螺母与托盘间的摩擦系数，μ = 0.14；

D_1——螺母外接圆直径；$D_1 = 39.3\text{mm}$；

D_2——锚杆直径，$D_2 = 20.0\text{mm}$；

D——螺线线环平面直径；$D = 19.5\text{mm}$；

M——锚杆扭矩，$M = 300\text{N·m}$。

计算可得：$F_y = 71.0\text{kN}$。

对锚杆做受力分析，锚杆受锚固力 Q、围岩变形对锚杆的作用力 P 和预紧力 F_y 作用，且存在以下的受力平衡：

$$F_y = Q - P \qquad (6-5)$$

式中　Q——锚杆屈服荷载，kN；

$\quad$ P——围岩变形对锚杆作用力，kN。

P 可按式（6-6）计算：

$$P = \frac{1}{4}\pi d^2 E\varepsilon \qquad (6-6)$$

根据定义，可得锚杆产生应变为：

$$\varepsilon = \frac{\Delta L}{L} \qquad (6-7)$$

式中　L——锚杆长度，$L = 2400\text{mm}$；

$\quad$ ΔL——锚杆伸长长度，mm。

为使砂岩围岩变形量在容许值附近，取锚杆端部围岩表面变形 $u_1 = 100.0\text{mm}$，锚杆锚固端围岩变形 $u_2 = 20.0\text{mm}$，$\Delta L = 80.0\text{mm}$。依据式（6-6）和式（6-7）可得 $P = 26.0\text{kN}$；取锚杆锚固力 $Q = 100.0\text{kN}$，可得 $F_y = 74.0\text{kN}$。如果考虑锚杆承载力一定富裕系数，取锚杆预紧力 $F_y = 60.0\text{kN}$，实际取值与此基本相符。

b　锚杆长度

根据松动圈工程实测结果，围岩岩性为砂岩时，为中等松动圈Ⅱ类稳定围岩。可根据松动圈范围确定锚杆长度。锚杆长度 L 可按式（6-8）计算：

$$L = \Delta L_1 + L_p + \Delta L_2 \qquad (6-8)$$

式中　ΔL_1——锚杆外露长度，$\Delta L_1 = 100.0\text{mm}$；

$\quad$ L_p——松动圈厚度，$L_p = 1000.0\text{mm}$；

$\quad$ ΔL_2——锚杆进入松动圈外长度，$\Delta L_2 = 300.0\text{mm}$。

考虑到将来采动影响，松动圈范围 L_p 增加，锚杆长度最大为 $L = 2000.0\text{mm}$。目前，取锚杆长度 $L = 2400.0\text{mm}$ 不尽合理。

c　锚杆间排距

工程实测结果表明，砂岩条件下锚杆（索）受荷及围岩变形都未达到容许临界值，根据围岩-支架相互作用原理，应增加锚杆间排距，使围岩变形达到容许临界值的同时，支架受荷达到极限承载力。取锚杆间排距 $a_1 = b_1$，数值模拟不同锚杆密度围岩表面变形，可得出围岩表面变形 u 随锚杆密度 m 变化回归方程：

$$u = 60\mathrm{e}^{-m/1.85} \tag{6-9}$$

式中　m ——锚杆密度，根/m^2。

依据式（6-9），取锚杆间排距 $a_1 = b_1 = 1000.0\mathrm{mm}$ 时，围岩表面变形 $u = 45.0\mathrm{mm}$，围岩也能保持变形稳定。原锚杆间排距 $a_1 = b_1 = 800.0\mathrm{mm}$ 偏小，应适当增加锚杆间排距。

6.1.4.2　围岩岩性为泥岩时支护合理性分析

根据数值模拟结果、多点位移计及钻孔摄像工程实测结果，许疃矿 $3_2$38 底抽巷围岩岩性为砂岩地段时松动圈厚度 $L_\mathrm{p} = 2000 \sim 3000\mathrm{mm}$ 之间，属于大松动圈不稳定围岩。

（1）锚索预紧力。泥岩条件下，锚索端部变形近于固定在原岩中，$u_2 = 0.0\mathrm{mm}$，锚索顶部变形 $u_1 = 120.0\mathrm{mm}$，选取锚索长度 $l = 6300.0\mathrm{mm}$、锚索弹性模量 $E = 46.5\mathrm{GPa}$，围岩变形达到容许变形时围岩作用于锚索力 $F_y = 280.0\mathrm{kN}$，实际取值为 $F_y = 120.0\mathrm{kN}$，锚索预紧力偏低，可取 $F_y = 200.0\mathrm{kN}$ 左右。

（2）锚索长度。数值模拟结合多点位移计工程实测结果表明，巷道围岩为泥岩时，塑性圈范围为 4.3m，采用锚索加强松动圈外塑性范围围岩支护，取锚索长度 $l = 6300\mathrm{mm}$ 偏大，可取锚索长度 $l = 5000\mathrm{mm}$。

（3）锚杆长度。针对大松动圈不稳定围岩，可根据锚杆（索）形成主次压缩拱机制进行锚杆支护参数设计。围岩显著碎胀范围厚度约 1500mm，原支护方案采用直径 $\phi20\mathrm{mm}$、长度 $L = 2400\mathrm{mm}$ 型高强锚杆加强该范围支护，考虑到一定富裕系数，较为合理；围岩松动破碎范围 $2000 \sim 3000\mathrm{mm}$ 之间，采用长度 $L = 3000\mathrm{mm}$ 高强锚杆加强松动破碎范围围岩支护也较为合理。

（4）锚杆间排距。围岩岩性为泥岩，巷道采用的支护形式及参数如图 6-10 所示，数值模拟得出的巷道围岩变形如图 6-10（a）所示。将原直径 $\phi20\mathrm{mm}$、长度 $L = 3000\mathrm{mm}$ 型高强锚杆支护除去，仅采用直径 $\phi20\mathrm{mm}$、长度 $L = 2400\mathrm{mm}$ 型高强锚杆支护，数值模拟得出的巷道围岩变形如图 6-10（b）所示。

结合工程实测结果表明：原支护形式及参数，巷道围岩表面变形 $u = 60.0\mathrm{mm}$，比巷道围岩容许变形量略小；如仅采用直径 $\phi20\mathrm{mm}$、长度 $L = 2400\mathrm{mm}$ 型高强锚杆支护，巷道围岩表面变形 $u = 100.0\mathrm{mm}$，巷道围岩变形有失稳趋势，考虑将来采动影响等安全系数，调整后支护形式及参数可能存在安全隐患。但可以将原巷道支护分两次进行，紧跟掘进工作面选择直径 $\phi20\mathrm{mm}$、长度 $L = 2400\mathrm{mm}$ 型高强锚杆支护，滞后巷道掘进面 100.0m 选择直径 $\phi20\mathrm{mm}$、长度 $L = 3000\mathrm{mm}$ 型高强锚杆支护进行二次支护。

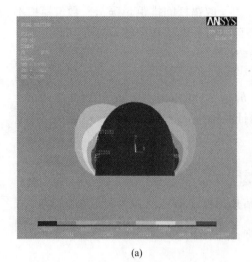 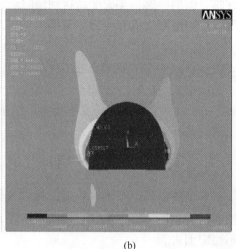

(a)   (b)

图 6-10   围岩岩性为泥岩时不同支护强度围岩变形

（a）原巷道支护围岩变形；（b）支护调整后围岩变形

6.2   袁店二矿 101 采区运输上山及石门围岩松动破碎变形及支护合理性分析

工程中目前广泛根据围岩表面变形是否超过容许变形及松动圈范围对围岩稳定性进行判别，通过测定支架受荷来判断承载是否超过容许承载力；通过比较锚杆（索）受荷与容许极限承载力、围岩表面变形与容许变形大小来判断支护合理性。为此，本研究在分析围岩表面容许变形及支架容许承载力基础上，采用数值模拟以及十字布点法结合百分表测量巷道表面变形，钻孔摄像仪观测围岩松动圈，锚杆（索）测力计测量锚杆（索）承受的拉力。

围岩表面变形容许值与围岩性质密切相关，根据项目组已有研究成果，泥岩围岩表面变形容许值可取为 120.0mm，硬质细砂岩表面变形容许值可取为100.0mm。本巷道使用锚杆为 ϕ20mm×2400mm 左旋高强螺纹钢锚杆，锚杆屈服强度为 335.0MPa，屈服荷载 105.0kN，抗拉强度 490.0MPa，抗拉荷载为155.0kN，锚杆伸长率 20.0%；选用 ϕ17.8mm×6300.0mm 的锚索，锚索抗拉强度 1860.0MPa，极限承载力为 460.0kN，锚索伸长率 4.0%。

6.2.1   袁店二矿 101 采区运输上山及石门围岩松动破碎变形数值模拟

6.2.1.1   模型建立

A   模型尺寸及边界条件

该模拟巷道为直墙半圆拱形，巷道尺寸为：宽×高 = 6.0m×4.2m，其中拱形半径为 3.0m。巷道周围 20.0m 范围以外受力状态与原岩状态几乎一致，取模型几何尺寸为：长×宽＝50.0m×50.0m。

该计算模型所要模拟的是半无限体边界受竖向均布荷载所产生的位移变形问题，可将约束简化为计算模型两侧水平 X 方向约束，底部 Y 方向竖直约束，即三边固定；顶部受与原岩应力大小相同的均布荷载作用，根据巷道埋深，取作用于模型均布荷载 p = 12.0MPa。

根据工程中锚杆（索）支护参数，在计算模型采用杆单元代表锚杆（索）支护。计算模型如图 6-11 所示，网格划分如图 6-12 所示。

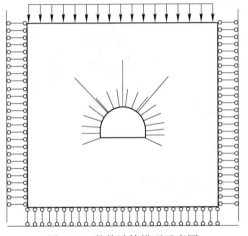
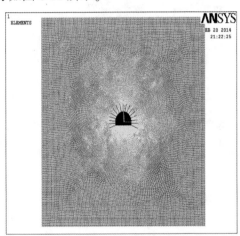

图 6-11 数值计算模型示意图　　　　　图 6-12 网格划分示意图

B 数值计算模型

巷道掘进过程中，围岩岩性主要呈现为泥岩、粉砂岩、砂岩，本研究取软弱泥岩和硬质砂岩为研究对象，泥岩、砂岩物理力学参数见表 4-1 的工程实测结果，锚杆（索）力学参数见表 2-3，本构模型选用 D-P 准则，锚杆（索）预紧力可以通过杆单元所产生的预应变来施加，分析岩性为泥岩及砂岩时围岩变形。

6.2.1.2 数值计算结果及分析

目前支护强度下，岩性为泥岩及坚硬砂岩巷道围岩变形数值模拟结果如图 6-13 及图 6-14 所示。

计算结果表明，泥岩巷道表面最大变形约为 60.0mm，坚硬砂岩巷道表面最大变形约为 20.0mm。

6.2.2 袁店二矿101采区运输上山及石门围岩松动破碎变形现场实测

6.2.2.1 围岩表面变形工程实测及分析

采用拉线法观测围岩变形，具体操作为：采用十字布点法，沿巷道前进方向每隔 50m 设 1 测站，观测巷道顶底板移近量和两帮变形。如图 6-15 所示，在已掘巷道布置测点观测巷道两帮 A、C 点，底板 D 点及顶板 B 点表面变形。与此同时，采用如图 6-16 所示百分表位移计观测距掘进工作面约 200m 处的已掘巷道帮部表面位移量，其精度为 0.01mm。

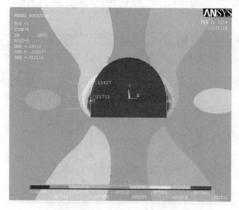 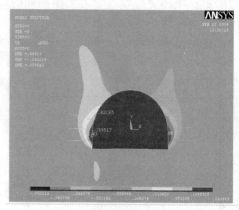

图 6-13　岩性为泥岩巷道围岩变形数值模拟　　图 6-14　岩性为坚硬砂岩巷道围岩变形数值模拟

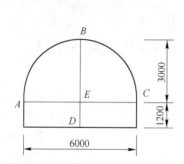 

图 6-15　十字布点法示意图　　　　　　图 6-16　百分表位移测量装置

围岩岩性为泥岩及硬质砂岩段表面变形的典型现场实测结果见表 6-1。

表 6-1　围岩为泥岩及砂岩表面变形工程实测

时间/d	泥岩顶板变形/mm	泥岩底板变形/mm	泥岩左帮变形/mm	泥岩右帮变形/mm	砂岩顶板变形/mm	砂岩底板变形/mm	砂岩左帮变形/mm	砂岩右帮变形/mm
1	9	9	10	13	5	7	9	6
4	29	30	44	45	15	22	25	23
8	38	44	52	64	19	33	35	34
10	40	51	59	68	20	35	36	35
12	44	56	64	71	21	38	37	37

续表6-1

时间/d	泥岩顶板 变形/mm	泥岩底板 变形/mm	泥岩左帮 变形/mm	泥岩右帮 变形/mm	砂岩顶板 变形/mm	砂岩底板 变形/mm	砂岩左帮 变形/mm	砂岩右帮 变形/mm
14	47	56	65	73	21	39	38	39
16	52	57	68	75	22	40	38	40
18	52	58	69	75	23	40	39	41
20	53	58	69	76	24	41	40	42
22	54	59	70	77	24	41	40	42
24	55	59	71	78	25	42	41	43
26	56	59	73	79	25	41	42	44
28	57	60	74	80	26	41	42	44
30	58	60	75	81	27	42	43	45

由上述实测数据，得出围岩表面变形随时间演化曲线，如图6-17~图6-18所示。

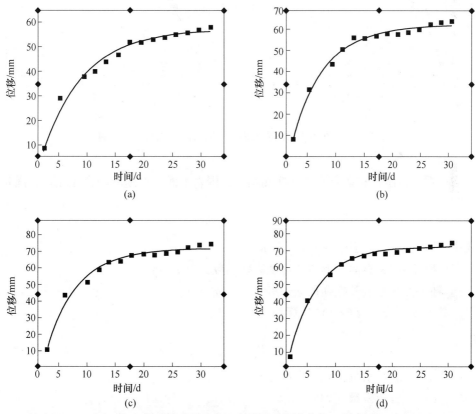

图 6-17 软弱泥岩围岩表面变形随时间演化的工程实测

（a）顶板；（b）底板；（c）左帮；（d）右帮

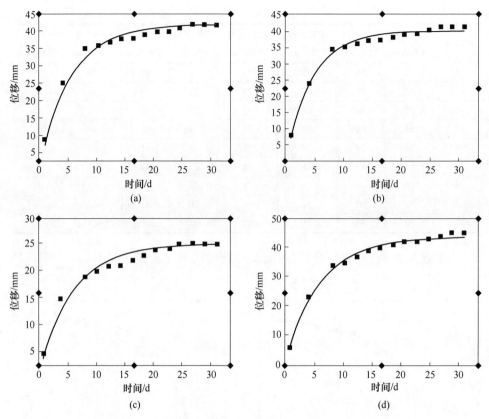

图 6-18　硬质砂岩围岩表面变形随时间演化的工程实测

（a）顶板；（b）底板；（c）左帮；（d）右帮

　　根据项目组已有研究和现场实测结果，围岩表面变形随时间变化较好，满足回归方程：

$$u = A(1 - e^{-Bt}) \tag{6-10}$$

式中　A——围岩表面最大变形，mm；

　　　　B——围岩表面变形增长速度衰减系数，与 η、G 有关；

　　　　t——从巷道开挖到数据采集时间间隔。

　　其中 B 可按式（6-11）计算：

$$B = -\frac{G}{\eta} \tag{6-11}$$

式中　η——黏性系数，MPa·d；

　　　　G——剪切模量，MPa。

　　根据以上实测数据，利用最小二乘法进行回归分析，可以得出巷道表面左帮、顶板、右帮、底板变形随时间变化回归方程，见表 6-2。

表 6-2　巷道表面变形随时间变化回归方程

岩性	顶板回归方程	底板回归方程	左帮回归方程	右帮回归方程
泥岩	$u = 57.3(1 - e^{-0.13t})$	$u = 62.1(1 - e^{-0.13t})$	$u = 72.5(1 - e^{-0.14t})$	$u = 78.9(1 - e^{-0.15t})$
硬质砂岩	$u = 21.9(1 - e^{-0.20t})$	$u = 42.3(1 - e^{-0.19t})$	$u = 40.7(1 - e^{-0.21t})$	$u = 433(1 - e^{-0.20t})$

从表中可以看出：

（1）岩性为泥岩时顶板最大变形为 57.3mm，底板最大变形量为 62.1mm，左帮和右帮表面最大变形分别为 72.5mm 和 78.9mm；而采用百分表位移计观测距掘进工作面约 200m 处围岩岩性为泥岩的已掘巷道帮部表面位移，初始数据为 4.95mm，一个月后位移表读数为 7.75mm，月累计位移量不超过 3.0mm。说明岩性为泥岩围岩变形基本稳定。围岩表面变形量距容许值还有一定差距。

（2）岩性为硬质砂岩时，巷道顶部表面最大变形为 24.9mm；左帮表面最大变形为 40.7mm；右帮表面最大变形为 43.4mm；底板表面最大变形为 42.0mm。围岩表面变形量距容许值还有较大差距。

6.2.2.2　锚杆（索）受荷工程实测及分析

锚杆（索）按规定预紧扭矩和预紧力施加，采用 MC-500 型锚杆测力计观测锚杆和顶部锚索受荷大小。矿用锚杆（索）测力计是一种新型矿压监测仪器，主要用于测量锚杆在巷道围岩各个时期的受力情况，目的是通过锚杆测力计对安装在围岩中锚杆的受荷情况进行监测。

图 6-19　MC-500 型锚杆测力计结构示意图

此测力计重量轻、结构简单、使用方便、观测直观、读数精确、性能可靠。MC-500 型锚杆测力计结构及实体示意如图 6-19、图 6-20 所示。

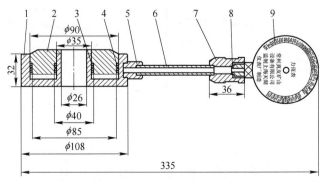

图 6-20　MC-500 型锚杆测力计实体示意图

1—压力盒；2—压力盒盖；3，4，8—O 形密封圈；5—接头；

6—压力表油管；7—表接头；9—力值表

　　围岩岩性为泥岩及硬质砂岩时，锚杆及锚索受荷随时间变化如图 6-21、图 6-22 所示。

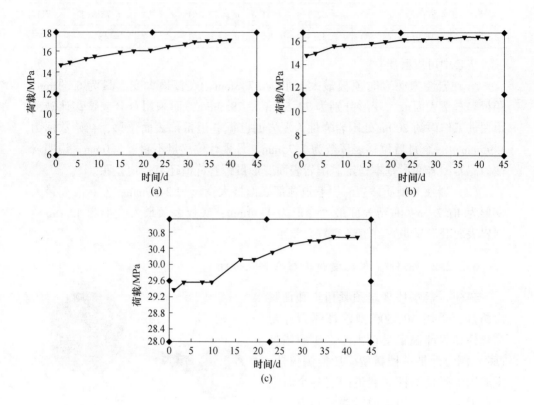

图 6-21　围岩为泥岩锚杆及锚索受荷随时间变化
（a）帮部锚杆；（b）顶部锚杆；（c）顶部锚索

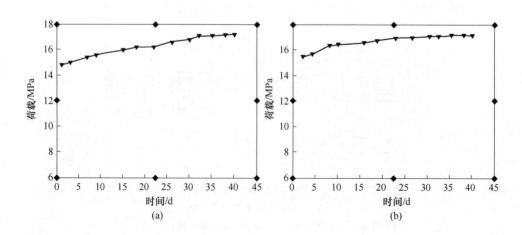

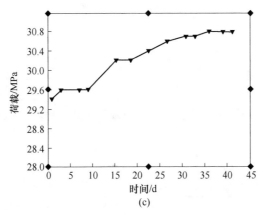

图 6-22　围岩为砂岩锚杆及锚索受荷随时间变化

（a）帮部锚杆；（b）顶部锚杆；（c）顶部锚索

　　锚杆（索）测力计标定系数为测力计读数 1.0MPa，相当于锚杆（索）受荷 0.415kg，根据锚杆（索）测力计标定系数和压力表读数可以得出：围岩岩性为泥岩时帮部锚杆受荷大小为 100.0kN，顶部锚杆受荷大小为 83.8kN，顶部锚索受荷大小为 139.0kN；围岩岩性为硬质砂岩时帮部锚杆受荷大小为 79.7kN，顶部锚杆受荷载大小为 72.2kN，顶部锚索受荷大小为 125.3kN。锚杆极限承载力 106.0kN，锚索极限承载力为 460.0kN。比较锚杆（索）受荷与锚杆（索）极限承载力大小，可以看出，围岩岩性为硬质砂岩时，锚杆（索）受荷远未达到极限承载力；围岩岩性为泥岩时，锚杆受荷接近极限承载力，锚索受荷未达到极限承载力。

6.2.3　袁店二矿 101 采区运输上山及石门支护合理性分析

6.2.3.1　围岩岩性为砂岩时支护合理性分析

　　A　顶板锚索支护合理性分析

　　当巷道顶板为复合顶板时，锚索可以提供较大预紧力阻止结构面产生不稳定层间离层；当巷道顶板松散破碎时，布置锚索并施加预紧力可使松动破碎围岩形成组合拱以保持顶板稳定；当围岩变形较为显著时，由于锚索弹性模量较大，显著变形可使锚索提供较大的荷载。本巷道围岩范围内无明显结构面存在，顶板较为完整，变形又不明显，采用锚索支护作用效果不明显。工程实测结果也表明砂岩锚索受荷远小于极限承载力，图 6-23 所示顶板施加锚索和不施加锚索砂岩数值模拟结果也表明两者作用效果基本相同。砂岩条件下锚索作用效果不明显，建议取消。

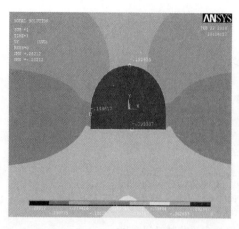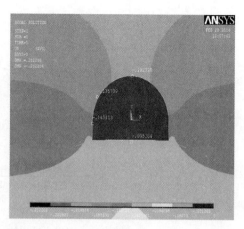

(a)　　　　　　　　　　　　　　　　　(b)

图 6-23　有无锚索围岩变形数值模拟结果对比
(a) 无锚索；(b) 有锚索

B　锚杆预紧力合理性分析

a　锚杆预紧力

锚杆安装时，在锚杆尾部螺母上施加预紧扭矩可使其变形前具有作用于围岩的预紧力。足够预紧力可以限制破碎区、塑性区的范围，使其破碎岩石结合相对紧密，从而提高围岩刚度，有利于形成整体结构，促使围岩由载荷体转化为承载体，实现锚杆主动支护。但是，锚杆的初锚力不是越大越好。一方面，较大的初锚力是以较大的经济投入为代价的；另一方面，也不符合围岩支护原则，因为巷道围岩的破碎区和塑性区是在较大的应力水平下产生的，以现有的锚杆支护强度要想完全支护是有较大难度的，只有采取"让"的原则，使围岩有一定的变形，释放部分其储存的能量，达到卸压的效果，为后期支护提供便利。所以，巷道开掘后，围岩产生变形和位移是必然的。但过度变形，将导致围岩的结构破坏，使围岩完全丧失自身承载能力。恰当的锚杆初锚力可以改变围岩应力状态，提高围岩刚度，增强岩层层面间的力学联系，提高围岩的自身承载能力，使围岩变形和锚杆受荷协调发展。本巷道围岩整体性较好，施加预紧力主要是使围岩变形在达到极限容许值的同时，锚杆受荷达到极限承载力。因此，需要进行锚杆预紧力合理性分析。

合理预紧力可以按式 (6-4) 计算。

计算可得：$F = 71.0$kN。

工程实际中，锚杆扭矩 $M = 300$N · m 时实测预紧力 $F = 60.0$kN。计算结果与工程实测相差不大。

b　合理锚杆预紧力

合理锚杆预紧力可按式 (6-5) ~式 (6-7) 计算。

为使砂岩围岩变形量在容许值附近，取锚杆端部围岩表面变形 $u_1 =$ 100.0mm，锚杆锚固端围岩变形 $u_2 = 20.0$mm，$\Delta u = 80.0$mm。依据式（6-5）~ 式（6-7）可得 $P_0 = 26.0$kN；取锚杆锚固力 $Q = 100.0$kN，可得 $F = 74.0$kN。如果考虑锚杆承载力一定富裕系数，取锚杆预紧力 $F = 60.0$kN，实际取值与此基本相符。

为使泥岩围岩变形量在容许值附近，取锚杆端部围岩表面变形 $u_1 =$ 120.0mm，锚杆锚固端围岩变形 $u_2 = 20.0$mm，$\Delta u = 100.0$mm。依据式（6-5）~ 式（6-7）可得 $P_0 = 26.3$kN；取锚杆锚固力 $Q = 100.0$kN，可得 $F = 73.7$kN，如果考虑锚杆承载力一定富裕系数，取锚杆预紧力 $F = 60.0$kN，实际取值与此基本相符。

泥岩条件下，锚索端部变形近于固定在原岩中，$u_2 = 0.0$mm，锚索顶部变形 $u_1 = 120.0$mm，根据锚索长度 $l = 6300$mm 及锚索弹性模量 $E = 46.5$GPa，围岩变形达到容许变形时围岩作用于锚索力 $F = 280.0$kN，实际取值 $F = 120.0$kN，锚索预紧力偏低，可取 $F = 200.0$kN 左右。

C 锚杆长度合理性分析

根据松动圈工程实测结果，围岩岩性为砂岩时，为中等松动圈 Ⅱ 类稳定围岩。可根据松动圈范围确定锚杆长度。锚杆长度 L 可按式（6-18）计算。

考虑到将来采动影响，松动圈范围 L_p 增加，最大可取锚杆长度 $L =$ 2000.0mm。目前，取锚杆长度 $L = 2400.0$mm 不尽合理。

D 锚杆间排距合理性分析

工程实测结果表明：砂岩条件锚杆（索）受荷及围岩变形都未达到容许临界值，根据围岩-支架相互作用原理，应增加锚杆间排距，使围岩变形达到容许临界值的同时，支架受荷达到极限承载力。取锚杆间排距 $a_0 = b_0$，数值模拟不同锚杆密度围岩表面变形，可得出围岩表面变形 u 随锚杆密度 m 变化回归方程：

$$u = 12e^{-m/1.85} \tag{6-12}$$

式中 m——锚杆密度，根/m^2。

依据式（6-12），即使取锚杆间排距 $a_0 = b_0 = 1400$mm，也能保持围岩变形稳定。

锚杆间排距 $a_0 = b_0 = 1400$mm 时砂岩围岩的变形如图 6-24 所示。

如果考虑将来巷道受采动影响，可取采动影响作用系数为 3.0，根据巷道埋深、断面及围岩力学参数，采用 ANSYS 软件数值模拟目前锚杆间排距（不施加锚索）支护强度下考虑采动影响时围岩表面变形，数值模拟结果如图 6-25 所示，围岩表面最大变形约为 67.0mm。

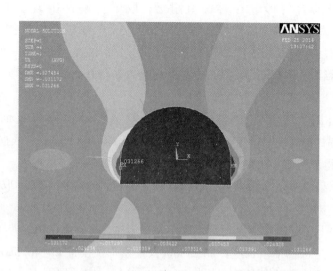

图 6-24　锚杆间排距 $a_0 = b_0 = 1400\text{mm}$ 时砂岩围岩变形

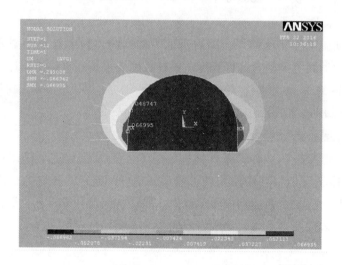

图 6-25　岩性为砂岩时考虑采动影响的围岩变形

6.2.3.2　围岩岩性为泥岩时支护合理性分析

　　岩性为泥岩时，原锚杆（索）支护参数围岩变形如图 6-26 所示；将锚杆间排距调整为 1400mm×1400mm 时围岩变形如图 6-27 所示。

　　结合工程实测结果表明：锚杆间排距为 700mm×700mm 时围岩表面变形量比容许变形偏小，锚杆（索）受荷也小于容许承载力；锚杆间排距为 1400mm×

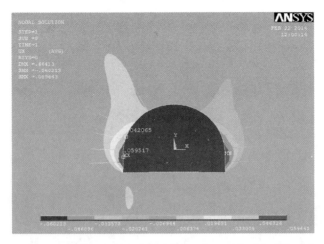

图 6-26　岩性为泥岩时原锚杆（索）支护围岩变形

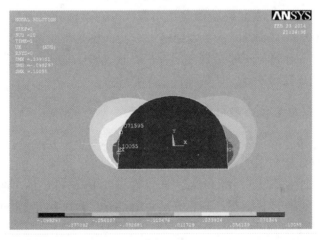

图 6-27　岩性为泥岩锚杆间排距调整为 1400mm×1400mm 时围岩变形

1400mm 时围岩表面变形量接近容许变形，锚杆（索）受荷达到容许承载力。如果考虑将来采动影响（取采动影响作用系数为 3.0），数值模拟得出的围岩变形如图 6-28 所示。围岩表面最大变形量约为 140.0mm，比容许变形偏大，将来可考虑二次加固。目前条件可在支护强度不变条件下分二次支护基本合理，锚杆（索）预紧力应适当减小。

6.2.4　袁店二矿 101 采区运输上山及石门合理支护选择

6.2.4.1　围岩岩性为泥岩合理支护选择

围岩岩性为泥岩时，目前支护强度偏大，锚索预紧力也偏大。但考虑将来采

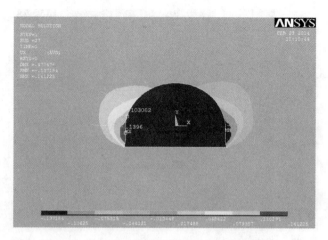

图 6-28　岩性为泥岩时考虑采动影响的围岩变形

动影响，如果原锚杆（索）支护参数仍不变，可将锚杆分二次支护，第一次支护间排距为 1400mm×1400mm，考虑到施工方便（不是支护强度要求），距工作面后 30.0~50.0m 在每排相邻锚杆之间补打 1 根锚杆，锚索可滞后工作面施工；将来采动影响如果较为明显，还需进行二次加固。

6.2.4.2　围岩岩性为砂岩合理支护选择

根据以上分析，取消锚索支护，锚杆长度减小至 $L = 2000.0$mm。考虑将来采动影响，锚杆间排距不变，但为提高掘进速度，可以将锚杆分 2 次施工，第 1 次施工锚杆间排距 $a_0 = b_0 = 1400$mm，距工作面后 30.0~50.0m 再在相邻锚杆中间补打锚杆，使锚杆间排距缩小到 $a_0 = b_0 = 700$mm。巷道一次支护及二次支护示意图如图 6-29 及图 6-30 所示。

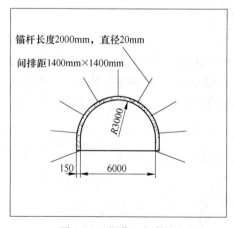

图 6-29　巷道一次支护

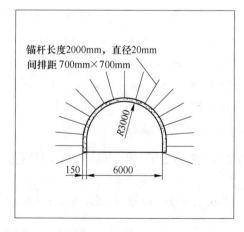

图 6-30　巷道二次支护

7 深部岩巷爆破法掘进合理爆破参数选择

7.1 爆破掘进合理爆破参数确定的一般方法

7.1.1 自由面对爆破效果影响

自由面的存在对于改善爆破效果起着至关重要的作用，自由面的大小与方向作用显著，自由面的作用归纳起来有以下三点：

（1）反射应力波。当爆炸应力波遇到自由面时发生反射，压缩应力波变为拉伸波，引起岩石的片落和径向裂隙延伸。

（2）改变岩石应力状态及强度极限。在无限介质中，岩石处于三向应力状态，而自由面附近的岩石处于单向或双向应力状态。故自由面附近的岩石强度接近岩石单轴抗拉或抗压的强度，比在无限介质中承受爆破作用时相应的强度明显减少。

（3）自由面是最小抵抗线方向，应力波抵达自由面后，在自由面附近的介质运动因阻力减小而加速，随后而到的爆炸气体进一步向自由面方向运动，形成鼓包，最后破碎、抛掷。

自由面的存在有利于岩石破碎。其中，自由面的大小和数目、自由面的位置和方向对爆破作用效果都产生显著影响。

（1）自由面位置和方向。自由面的位置对爆破作用产生影响。炮孔中装的炸药在自由面上的投影面积越大，越有利于爆炸应力波的反射，对岩石的破坏越有利。如图 7-1（a）所示，一个自由面作用，垂直于自由面布置炮孔，在这种条件下炮孔中装的炸药在自由面投影面积极小，爆破破碎也很小；如图 7-1（b）所示，如果炮孔与自由面成斜交布置，那么装的炸药在自由面上的投影面积比较大，爆破破碎范围也比较大；如图 7-1（c）所示，如果炮孔与自由面平行，则自由面作用最大，爆破效果最佳。

（2）自由面大小。如图 7-2 所示，自由面的大小影响炮孔单位炸药消耗量及爆破效果，U. Langefors 和 B Kihlstorm 根据理论分析结合实验结果得出了在受限自由面作用下炮孔每米装药量 q_1 可按式（7-1）估算：

$$q_1 = m_1 w / (\sin\beta) m_2 \tag{7-1}$$

式中　q_1——炮孔每米装药量，kg/m；

w ——最小抵抗线，m；

m_1，m_2 ——系数；

β ——夹角，(°)，可表示为：

$$\beta = \arctan \frac{l_0}{2w} \tag{7-2}$$

l_0 ——自由面宽度，m。

因此炮孔每米装药量可以表示成 l_0 和 w 的函数，即：

$$q_1 = m_1 w \bigg/ \left(\frac{l_0^2}{l_0^2 + 4w^2} \right)^{m_2} \tag{7-3}$$

本研究根据大量实验数据，分析得出炸药为水胶炸药，炮孔直径 $d_b =$ 32mm，装药直径 $d_c = 27.0$mm，岩石普氏系数 $f = 6 \sim 8$，不同最小抵抗线 w 炮孔每米装药量 q_1 随最小抵抗线 w 的变化，见表 7-1。

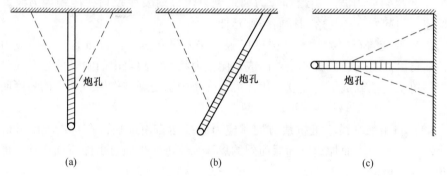

图 7-1   炮孔与自由面相对位置对爆破影响

（a）垂直布置炮孔；（b）倾斜布置炮孔；（c）平行布置炮孔

表 7-1   不同最小抵抗线炮孔每米装药量随自由面长度变化

最小抵抗线的最大值 w/m	每米装药量 q_1 /kg · m^{-1}						
	$l_0 = 0.10$	$l_0 = 0.15$	$l_0 = 0.20$	$l_0 = 0.25$	$l_0 = 0.30$	$l_0 = 0.40$	$l_0 = 0.50$
0.10	0.12	0.08	0.06	0.05	0.04		
0.15	0.30	0.18	0.13	0.11	0.09	0.07	0.07
0.20	0.59	0.34	0.23	0.18	0.15	0.12	0.10
0.25	1.00	0.60	0.35	0.30	0.26	0.22	0.18
0.30	1.30	0.90	0.60	0.50	0.35	0.31	0.26
0.35		1.2	0.90	0.65	0.45	0.40	0.35
0.40		1.77	1.17	0.86	0.67	0.47	0.36

最小抵抗线的最大值 w/m	每米装药量 $q_1/\text{kg} \cdot \text{m}^{-1}$						
	$l_0 = 0.10$	$l_0 = 0.15$	$l_0 = 0.20$	$l_0 = 0.25$	$l_0 = 0.30$	$l_0 = 0.40$	$l_0 = 0.50$
0.50		3.06	2.01	1.47	1.14	0.77	0.59
0.60			3.15	2.28	1.76	1.18	0.88
0.70			4.61	3.32	2.55	1.70	1.26
0.80				4.62	3.54	2.34	1.72
1.00				8.01	6.13	4.03	2.93
1.20					9.61	6.30	4.56
1.40					14.09	9.21	6.65
1.60						12.82	9.23
2.00							16.02

最小抵抗线的最大值 w/m	每米装药量 $q_1/\text{kg} \cdot \text{m}^{-1}$					
	$l_0 = 0.60$	$l_0 = 0.80$	$l_0 = 1.00$	$l_0 = 1.20$	$l_0 = 1.60$	$l_0 = 2.00$
0.10						
0.15						
0.20	0.09					
0.25	0.13	0.11				
0.30	0.22	0.18	0.13			
0.35	0.30	0.25	0.17	0.15		
0.40	0.30	0.24	0.20	0.18	0.17	
0.50	0.47	0.35	0.29	0.26	0.22	0.21
0.60	0.70	0.51	0.41	0.35	0.29	0.26
0.70	0.99	0.70	0.55	0.47	0.38	0.33
0.80	1.35	0.94	0.73	0.60	0.47	0.41
1.00	2.27	1.55	1.17	0.95	0.71	0.59
1.20	3.52	2.36	1.76	1.40	1.02	0.82
1.40	5.11	3.40	2.51	1.98	1.40	1.11
1.60	7.08	4.69	3.44	2.69	1.87	1.45
2.00	12.3	8.06	5.86	4.54	3.09	2.34

依据表 7-1，可以得出不同最小抵抗线 w 炮孔每米装药量 q_1 随自由面宽度 l_0 的变化，如图 7-2 所示。可以看出，不同抵抗线 w 炮孔每米装药量 q_1 随自由面宽度 l_0 变化系数 m_1，m_2 值基本相同，其中 $m_1 = 0.4104$，$m_2 = 1.4$。相同岩性具有相同 m_1，m_2 值。

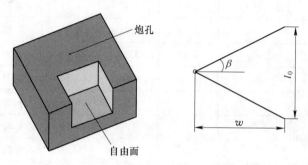

图 7-2　受限自由面作用爆破效果

由式（7-3）和图 7-3 可以看出，同一抵抗线，随着 l_0 值增大，炮孔每米装药量 q_1 越来越小。随着 l_0 值增加，q_1 值减小的速度变得越来越缓慢，最后趋于极限值。当 $l_0 \rightarrow \infty$ 时，

$$q_{极限} = m_1 w \tag{7-4}$$

以炮孔每米装药量 $q_1 = 1.2 q_{稳定}$ 的 l_0 值作为自由面充分发挥作用的合理取值，不同抵抗线的合理 l_0 值见表 7-2。

表 7-2　不同抵抗线合理自由面宽度值

w/m	0.10	0.15	0.20	0.25	0.30	0.35	0.40	0.50	0.60	0.70	0.80	1.00	1.20
l_0/m	0.25	0.35	0.45	0.60	0.75	0.90	1.20	1.50	1.70	2.00	2.40	2.80	3.60

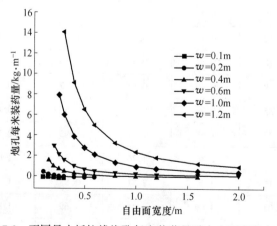

图 7-3　不同最小抵抗线炮孔每米装药量随自由面宽度变化

　　井巷掘进爆破的特点是自由面少，仅有1个自由面，空间狭小，斜孔炮孔深度受断面大小限制，为达到爆破预期效果，必须首先在工作面上爆破一个槽孔形成第二个自由面，为改善其他炮孔爆破效果创造有利条件，该组炮孔称为掏槽孔。槽腔形成后，附近布置的炮孔起爆使掏槽范围扩大和延伸至要求的掘进断面范围，该组炮孔起主要爆破作用，称为辅助孔（崩落孔）。为使爆破后掘进断面符合规定要求并尽量减少对巷道围岩损伤，辅助孔起爆后，起爆巷道周边一排炮孔，这排炮孔称为周边孔。周边孔的爆破要求是断面必须平整，无超挖和欠挖，巷道围岩中无明显裂缝等，即达到光面爆破效果。必须合理确定掏槽孔、辅助孔及周边孔爆破参数，合理确定各排炮孔起爆时差，使各种炮孔起爆达到各自预期效果。

7.1.2 掏槽孔爆破参数确定

　　掏槽孔起爆效果好坏决定整个掘进爆破效果，如果槽腔没有形成，辅助孔仅在一个与起爆方向垂直自由面作用下起爆，即使装药量较大，崩落岩石也很难达到预期深度；辅助孔达不到预期效果，光爆层太厚，即使周边孔爆破参数设计很合理也很难达到光面爆破效果。循环进尺的多少及爆破效率主要取决于掏槽是否达到设计深度，掏槽孔爆破参数的确定至关重要。目前巷道掘进中常用的掏槽方式有斜孔掏槽、直孔掏槽和混合掏槽。斜孔掏槽炮孔深度易受开挖断面尺寸限制，直孔掏槽炮孔数目较多且钻孔质量要求高，混合掏槽兼而有之，应根据工程实际选择合适的掏槽种类。针对淮北矿区工程实际，广泛选用斜孔掏槽并以楔形掏槽居多，本研究以楔形掏槽为例，确定掏槽孔爆破参数。

7.1.2.1 楔形掏槽爆破破岩机理

　　楔形掏槽爆破一般采用6个炮孔，分2组倾斜于掘进工作面布置，如图7-4所示。实际应用中，6个掏槽孔装药同时起爆，形成楔形槽腔，在掘进工作面造成第2个自由面，为工作面后续炮孔爆破破岩提供有利条件。

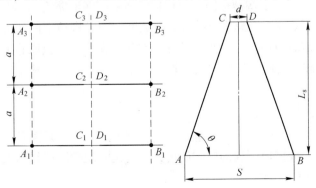

图7-4　楔形掏槽的炮孔布置

楔形掏槽爆破槽腔形成机理：首先，6 个炮孔中的装药爆炸后，在各自炮孔周围形成破碎圈的同时，也由于相邻炮孔的相互作用，形成 2 个倾斜的炮孔间贯通面 $A_1C_1A_2C_2A_3C_3$ 和 $B_1D_1B_2D_2B_3D_3$；而后，由于掏槽炮孔倾斜于工作面布置，装药爆炸产生垂直于工作面的作用力分量。在这一垂直于工作面的作用力影响下，槽腔范围岩石因被迫向外移动与周围岩石之间发生剪切，形成两端 2 个剪切滑移破坏面 $A_1B_1D_1C_1$ 和 $A_3B_3D_3C_3$；同时，在槽腔底部，由于掏槽孔孔底间距很小，可认为各炮孔的破碎圈基本连通，底面岩石已经基本破坏，于是槽腔内岩石与周围岩石分离，并在掏槽孔装药爆炸生成气体的准静态压力推动下抛出工作面，在工作面形成楔形槽腔。为了形成有效的槽腔，确定的楔形掏槽爆破参数必须保证掏槽孔中装药爆炸后达到以下效果：

（1）形成 2 列炮孔之间的贯通破坏面；

（2）各炮孔装药爆炸形成的破碎圈在炮孔底部岩石充分破碎，使槽腔内岩石在炮孔底面与腔外石分离；

（3）所有炮孔装药爆炸形成的垂直于掘进工作的作用力分量足够大，使槽腔两端面与槽腔外岩之间因剪切而破坏，实现槽腔内岩石与槽腔外岩石分离，进而被抛出工作面，在工作面形成有效的爆破槽腔；

（4）掏槽孔水平倾斜角度合适，有利于后续爆破的炮孔布置，以获得较高的炮孔利用率。

7.1.2.2　楔形掏槽爆破参数

根据掏槽孔爆破机理，为获取较好的掏槽爆破效果，如图 7-4 所示，需确定以下楔形掏槽爆破参数：掏槽范围、同列炮孔间距 a、掏槽孔孔底水平间距 d、炮孔水平倾角 θ 或炮孔孔口间距 S、炮孔深度 L_s。同时还需确定炮孔堵塞长度 L_2、炮孔直径 d_b、单孔装药量 Q、炸药类型及起爆方式等。

A　掏槽范围

掏槽孔应具有一定掏槽范围，合理掏槽面积应保证邻近辅助孔爆破具有充分自由面，可根据表 7-2 选择相应的自由面宽度，同时掏槽空间还应提供足够空间满足辅助孔爆破岩石后应具有足够的碎胀空间。掏槽范围应取巷道断面积 5.0% ~ 10.0%。由于破碎后硬岩较软岩具有较大碎胀系数，硬岩掏槽范围取大值，软岩取小值。

B　同列掏槽孔间距

楔形掏槽的 6 个炮孔分 2 列垂直布置，同列炮孔间的距离可按炮孔装药爆炸后在炮孔之间形成贯通裂缝的原则确定，目的是实现槽腔内岩石在炮孔列方向上与周围岩石分离。

考虑到岩石强度的应变率效应和三向受力条件，可得到炮孔内装药爆炸后在炮孔周围形成的破碎圈半径为：

$$R_1 = \left[\rho_0 D_{爆速}^2 A_1 B_1 / \left(4\sqrt{2}\, \sigma_{cd} \right) \right]^{\delta} r_b \tag{7-5}$$

式中　　R_1——炮孔周围破碎圈半径，m；

　　　　ρ_0——装药密度，kg/m^3；

　　　　r_b——炮孔半径，m；

　　　　σ_{cd}——岩石动态抗压强度，MPa；

A_1，B_1，δ——系数。

　　其中

$$\sigma_{cd} = \sigma_c \varepsilon^{1/3} \tag{7-6}$$

式中　　σ_c——岩石静态抗压强度，MPa；

　　　　ε——应变率，取 $\varepsilon = 100$。

$$A_1 = 2\rho c_p / (\rho c_p + \rho_0 D_1) \tag{7-7}$$

式中　　ρ——岩石密度，kg/m^3；

　　　　c_p——岩石弹性波速度，m/s；

　　　　$D_{爆速}$——炸药爆速，m/s。

$$B_1 = \left[\left(1 + \frac{\mu_d}{1 - \mu_d} \right)^2 + \left(1 + \frac{\mu_d^2}{(1 - \mu_d)^2} \right) - 2 \times \frac{\mu_d}{1 - \mu_d} \times \left(1 - \frac{\mu_d}{1 - \mu_d} \right)^2 \right]^{\frac{1}{2}} \tag{7-8}$$

式中　　μ_d——岩石的动态泊松比，$\mu_d = 0.8\mu$，μ 为岩石的静态泊松比。

$$\partial = 2 + \frac{\mu_d}{1 - \mu_d} \tag{7-9}$$

式中　　∂——冲击波衰减指数。

　　而裂隙圈半径为：

$$R_2 = \left[\sigma_{cd} / \sigma_{td} \right]^{1/\beta} R_1 \tag{7-10}$$

式中　　R_2——炮孔周围裂隙圈的半径，m；

　　　　σ_{td}——岩石的动态抗拉强度，取 $\sigma_{td} = \sigma_t$，σ_t 为岩石的静态抗拉强度；

　　　　β——应力波折减系数，$\beta = 2 - \mu_d / (1 - \mu_d)$。

　　于是，可以得到所求的楔形掏槽的同列炮孔间距为：

$$a = 2R_2 \tag{7-11}$$

　　取炸药为水胶炸药，炸药密度 $\rho_0 = 1000 kg/m^3$，炸药爆速 $D_{爆速} = 3600 m/s$，依据淮北矿区工程实际，取炮孔直径 $d_b = 32.0 mm$，装药直径 $d_c = 27.0 mm$，不同普氏系数 f 岩石参数取值见表 7-3。由此并结合工程实验可得同列炮孔间距，见表 7-4。

表 7-3　不同普氏系数岩石参数选取

岩石普氏系数 f	2~4	4~6	6~8	8~10	10~12
岩石密度/kg·m^{-3}	1750~2350	2250~2550	2500~2800	2750~2900	2850~3000
岩石弹性波速度/m·s^{-1}	1400~3000	1500~4000	2000~4500	3000~5500	4500~6500
泊松比	0.35~0.30	0.3~0.25	0.25~0.20	0.2~0.16	0.16~0.14
静态抗压强度/MPa	20~45	30~65	50~90	70~120	110~160
岩石动态抗拉强度/MPa	1~4	3~8	8~15	10~18	15~24

表 7-4　不同普氏系数岩石同列炮孔间距

岩石普氏系数 f	2~4	4~6	6~8	8~10	10~12
同列炮孔间距/m	0.60~0.80	0.50~0.60	0.40~0.50	0.30~0.40	0.20~0.30

在相应范围内，当岩石普氏系数 f 较小时，同列掏槽孔间距取大值；f 较大时则取小值。

C　掏槽孔孔底列间距

楔形掏槽中，2 列炮孔的孔底相对集中，间距减小，目的是使孔底处的岩石受到充分破坏，实现槽腔内炮孔底部岩石与周围岩石分离。为此，应使相邻炮孔破碎圈相交，考虑到相邻炮孔装药同时爆炸，产生的冲击波在炮孔间叠加，可确定垂直楔形掏槽炮孔底水平间距为：

$$d = 2^{(1+\partial)/\partial} R_1 \tag{7-12}$$

式中　d——楔形掏槽炮孔孔底间距，m。

依据不同岩性炮孔附近破碎圈半径取值，结合相关试验可得出不同普氏系数 f 岩石炮孔孔底间距，见表 7-5。相应范围内，岩石普氏系数 f 较小时孔底间距取大值，f 值较大时取小值。

表 7-5　不同普氏系数岩石炮孔孔底间距

岩石普氏系数 f	2~4	4~6	6~8	8~10	10~12
孔底间距/m	0.30~0.35	0.25~0.30	0.20~0.25	0.15~0.20	0.05~0.10

D　炮孔倾角或炮孔孔口列间距

掏槽的主要目的是为后续炮孔爆破创造有利条件，以实现后续工作面爆破高效率，为此楔形掏槽炮孔倾斜于掘进工作面角度必须适当。如果此倾角过小，一方面减小了巷道爆破掘进循环进尺，影响炮掘施工效率；另一方面也会导致周围辅助孔炮孔距掏槽自由面距离过大，其减小抵抗线作用大大降低，不利于孔底部岩石破坏，导致根部岩石爆破不充分，降低炮孔利用率，降低后续炮孔爆破有效作用，最终影响整个工作面爆破效果，甚至导致爆破失败。不仅如此，由于巷道断面尺寸有限，夹角过小不便于钻孔施工，还会大大限制钻孔深度。夹角过大时，虽然保证了巷道爆破循环进尺，但由于与自由面接近垂直，接近90°，则变成直孔掏槽，岩石夹制作用过大以致可能掏槽爆破失败。在楔形掏槽爆破成功后，槽腔周围后续炮孔的爆破可看作台阶爆破，于是掏槽孔的倾角 θ 相当于台阶爆破中的坡面角。根据台阶爆破的现有理论，这一坡面角与岩石性质、爆破方法等有关，满足一般要求的 θ 取值为：

$$\theta = 80° \sim 90° \tag{7-13}$$

根据掏槽爆破原理分析，爆破作用在掏槽岩体上的总抗剪力可示为：

$$F_{抗} = 4(c + \sigma_z \tan\varphi)aL_2\sin\theta + (c + \sigma_f \tan\varphi)(d + S)L_2\sin\theta \tag{7-14}$$

式中　c——岩石黏结力，MPa；

$\quad\quad \varphi$——岩石的内摩擦角，(°)；

$\quad\quad \sigma_z$——该面上的正应力，MPa；

$\quad\quad \sigma_f$——该面的法向应力，MPa：

$$\sigma_f = \gamma z \tag{7-15}$$

其中　γ——岩体容重，kN/m³；

$\quad\quad z$——该面距地表距离，m；

$\quad\quad$ 其他符号同上。

以上分析表明，当夹角为 55°～80°时，岩石总抗剪力变化不大，最大值与最小值的差值仅为 8%，可以认为在此区间内抗剪力随夹角的变化比较稳定。爆破在垂直于自由面上产生的分力，随着夹角增大而减小。当 $\theta<55°$ 时，该方向上的分力大于合力的一半，此时虽然有利于岩石破坏，但是槽腔内岩石的破坏时间非常短，块度大且抛掷作用太强，爆破效果不理想。当 $\theta>80°$ 时，炮孔几近与自由面垂直，此时岩石的夹制作用太强而分力太小，不足以使岩石发生剪切作用，不能达到预期掏槽效果。

因此，掏槽爆破时炮孔与自由面夹角一般应在 55°～80°之间，当岩石普氏系数 f 较小时夹角适当取大值，反之则取小值。不同岩石普氏系数掏槽爆破炮孔与自由面夹角的常用取值见表 7-6。

表 7-6　不同岩石普氏系数掏槽爆破炮孔与自由面夹角

岩石普氏系数 f	2~4	4~6	6~8	8~10	10~12
炮孔与自由面夹角/ (°)	75~80	70~75	65~70	60~65	55~60

在炮孔深度 L_s 值确定后，利用楔形掏槽炮孔布置几何关系，即可得到掏槽炮孔孔口列间距：

$$S = d + 2L_s/\tan\theta \tag{7-16}$$

式中　S——楔形掏槽炮孔孔口列间间距，m；

　　　L_s——炮孔深度，m。

不同普氏系数掏槽孔孔口列间距经验取值见表 7-7。

表 7-7　不同普氏系数掏槽炮孔孔口列间距

岩石普氏系数	2~4	4~6	6~8	8~10	10~12
炮孔孔口列间距/m	1.40~2.50	1.30~2.30	1.20~2.10	1.10~1.80	0.60~1.20

E　炮孔深度

a　月计划进度（循环进尺）

为满足月掘进进尺计划进度要求，必须合理选择循环进尺，在保证炮孔利用率的同时，应具有合理炮孔深度，可按式（7-17）计算：

$$L_s = \frac{m_3 \times M}{N_1 \times m_4 \times \eta} \tag{7-17}$$

式中　m_3——掏槽炮孔长度增加系数，$m_3 = 1.05 \sim 1.15$。

　　　M——月进度掘进进尺，m；

　　　N_1——每月掘进工作日，d；

　　　m_4——每工作日循环数，$m_4 = 2 \sim 3$；

　　　η——炮孔利用率，$\eta = 0.8 \sim 0.9$。

针对淮北矿区深部岩巷掘进工程实际，取 $m_3 = 1.1$，$m_4 = 2$，$N_1 = 25$，$\eta = 0.85$。为满足快速掘进要求，月进尺应超过 100m，为此炮孔深度应达到 2.5 ~ 3.0m，必须选择中深孔爆破。

b　巷道断面大小

根据巷道断面大小，斜孔掏槽最大炮孔深度应满足：

$$L_s \leqslant \frac{B_巷}{2\cos\theta} \tag{7-18}$$

式中　$B_巷$——巷道宽度，m。

根据巷道断面大小，不同巷道断面最大掏槽深度及推荐掏槽深度见表 7-8。

表 7-8　不同巷道断面最大掏槽深度及推荐掏槽深度

断面宽度/m	4~5	5~6	6~8	8~12
最大掏槽深度/m	2.00~2.50	2.50~3.00	3.00~4.00	4.00~6.00
推荐掏槽深度/m	1.50~2.00	2.00~2.50	2.00~3.00	3.00~4.00

针对淮北矿区大断面岩石巷道断面宽度一般在 5.0~8.0m 之间，最大掏槽深度可取 3.0~4.0m，推荐掏槽深度 2.0~3.0m，一般能满足中深孔爆破要求。

c　钻孔速度

钻孔速度是影响掏槽孔深度一个重要客观因素。岩石钻孔过程中，钻孔设备都有较合理的钻孔深度，超过这个范围后钻孔速度迅速下降。针对淮北矿区工程实际，选择气腿式钻机，掏槽孔炮孔直径 $d_b = 32.0\text{mm}$，根据工程实测，对于普氏系数 $f < 8$ 岩石，选择炮孔深度 $L_s = 2.0 \sim 3.0\text{m}$ 中深孔爆破，钻孔速度不会明显下降，对于普氏系数 $f \geqslant 8$ 岩石，炮孔深度 $L_s \geqslant 2.0\text{m}$ 钻孔速度会明显下降。

  d 岩体性质

  楔形掏槽炮孔深度除受施工进度要求、巷道断面尺寸、钻孔设备钻孔速度等因素影响外，岩性是影响掏槽孔深的一个重要因素，岩性除影响钻孔速度外，还显著影响掏槽孔爆破合理炮孔深度。合理炮孔深度应在保证足够堵塞长度的基础上，使炮孔装药量能有效将炮孔深度范围类岩石破碎形成掏槽，钻孔效率及炮孔利用率达到最优。

  合理炮孔深度 L_s 可示为：

$$L_s = (L_1 + L_2)\sin\theta \tag{7-19}$$

式中 L_1——装药长度，m；

    L_2——炮泥堵塞长度，m。

  合理炮孔装药长度应具有足够装药使炸药作用于槽腔岩体的爆炸荷载大于槽腔岩体总抗剪切力，使岩体充分破碎的同时抛出腔外，槽腔岩体抗剪破坏示意图如图 7-5 所示。

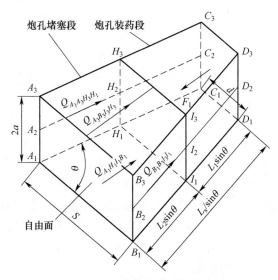

图 7-5 槽腔岩体抗剪破坏示意图

  作用于槽腔岩体沿垂直于自由面的爆炸荷载分力可表示为：

$$F_1 = 6p_0 L_1 d_b \cos\theta \tag{7-20}$$

式中 F_1——作用于槽腔岩体沿垂直于自由面爆炸荷载分力，N；

    p_0——爆生气体压力，MPa。

槽腔岩体总抗剪切力可表示为：

$$F_{抗} = 4(c + \sigma_z \tan\varphi) a L_2 \sin\theta + (c + \sigma_f \tan\varphi)(d + S) L_2 \sin\theta$$

合理炮泥堵塞长度应保证爆生气体有足够作用时间使炮孔周围岩石充分破碎而不过早从孔口逸出，大小可用后式确定。

随岩石普氏系数 f 增加，槽腔岩体总抗剪力显著增加，作用于槽腔岩体爆炸荷载相应也必须增加，岩石单位体积耗药量及炮孔装药量也随之增加，炮孔装药系数必须超过一定值。不同普氏系数 f 岩石，当炮孔深度超过一定范围时，装药长度及炮泥堵塞长度可能不能同时达到要求，不能达到预期掏槽爆破效果。不同普氏系数炮孔合理掏槽炮孔深度见表 7-9，岩石普氏系数 f 较小时，炮孔深度可以适当取大值；反之，取较小值。

表 7-9　不同岩石普氏系数应选择合理掏槽炮孔深度

岩石普氏系数 f	2~4	4~6	6~8	8~12
推荐掏槽深度/m	1.80~2.20	1.40~1.80	1.10~1.40	0.50~1.10

F　单孔装药量

掏槽孔装药量是否合理对掏槽爆破成败起着至关重要的作用。如果掏槽孔装药量不足，就无法将掏槽部分岩石炸出，进而增加处理失效炮孔时间，降低工作效率；反之，掏槽孔装药量过大，不仅增加经济成本，而且会对掏槽区周围岩石产生破坏，同时现场施工仪器设备容易受到飞石的危害。因此，如何较为合理地确定掏槽孔的装药量是巷道爆破设计中需要着重考虑的一环。

掏槽孔装药量受岩体岩性、掏槽孔深度（长度）、炮泥堵塞长度、炸药种类等多种因素影响，设计时应尽可能综合考虑各种因素。在上述影响因素中，岩体岩性对掏槽孔装药量影响显著，岩石岩性越好（岩石普氏系数 f 越大），密度和容重就越大，需要消耗的炸药用量也就越多；掏槽孔深度对掏槽孔装药量的影响不仅体现在随掏槽深度增加，掏槽爆破区岩石体积增大，同时还由于随炮孔深度增加，岩石单位体积耗药量也相应增加；炮泥堵塞长度对掏槽孔单孔装药量影响也很显著，因为炮孔长度一定，装药长度随炮孔堵塞长度增加而减小，而掏槽爆破中炮孔堵塞长度必须满足一定要求，这就限制了单孔装药量；炸药种类对掏槽孔装药量也产生影响，不同种类炸药具有不同爆炸威力，炸药爆炸威力越大则掏槽孔装药量就越少，反之也就越多。

针对淮北矿区工程实际，炸药一般选择水胶炸药，单个掏槽孔装药量可按式（7-21）估算：

$$Q = \frac{q \times V}{N_2} \tag{7-21}$$

式中　q ——单位体积耗药量，kg/m³；

N_2——掏槽孔数目，个；

V——掏槽爆破岩石体积，m^3。

依据式 (7-21)，当掏槽孔布置确定后，掏槽爆破岩石体积和掏槽孔数目随之也就确定，掏槽孔单孔装药量主要由掏槽爆破单位体积耗药量 q 确定。

在掏槽爆破中，由于只存在一个自由面，爆破相对困难，掏槽孔装药量的确定比较困难，所以有必要研究掏槽爆破单位体积耗药量。如图 7-6 所示，巷道掘进中，掏槽孔柱状装药延长药包垂直于自由面，此时，炸药爆炸时易受到岩体夹制作用，掏槽孔起爆形成爆破漏斗所需装药量 Q 可近似按集中药包计算：

$$Q = (0.4 + 0.6n^3)q_0w^3 \qquad (7\text{-}22)$$

式中　　n——爆破作用指数，$n = \dfrac{r}{w}$；

　　　　q_0——形成标准抛掷漏斗单位耗药量，kg/m^3；

　　　　w——最小抵抗线，m。

掏槽爆破单位体积耗药量 q 可示为：

$$q = (0.4 + 0.6n^3)q_0 \qquad (7\text{-}23)$$

n 值大小可依据掏槽爆破抛掷要求确定，q_0 大小可根据工程试爆经验选取，

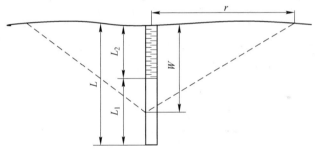

图 7-6 延长药包垂直于自由面起爆示意图

L—炮孔长度；L_1—装药长度；L_2—炮泥堵塞长度；W—最小抵抗线；r—爆破漏斗底圆半径

目前，掏槽孔单位体积耗药量没有一个统一计算方法，一般根据经验确定初值后进行相应试验得出近似单位体积耗药量，这就给工程技术人员选取炮孔装药量造成了困难。因此，在工程中给出不同条件相对准确的掏槽孔单位体积耗药量参考值，对于工程技术人员具有重要价值和帮助。影响掏槽孔爆破单位体积耗药量的因素很多，但岩石性质以及掏槽孔深度对掏槽孔单位体积耗药量尤为显著，忽略其他因素，本研究采用控制变量法分别研究掏槽孔单位体积耗药量随岩性、掏槽孔深度变化。掏槽孔爆破不仅需对岩石充分破碎，而且必须将破碎岩石充分抛出槽腔外，以便形成足够的自由面满足附近炮孔爆破后岩石碎胀，必须采用加强抛掷爆破，爆破作用指数必须满足 $n > 1.0$，一般取值范围为 $n = 1.10 \sim 1.40$，对于硬岩深孔取大值，软岩浅孔取小值。本研究通过在安徽两淮矿区、山东兖州等

煤矿实验数据，结合其他文献实验数据，得出了不同岩性、不同炮孔深度掏槽孔单位体积耗药量，可按表 7-10 选取。

表 7-10　不同条件掏槽孔爆破单位体积耗药量　　　　　（kg/m³）

掏槽孔深度 /m	岩石普氏系数				
	$f=2\sim4$	$f=4\sim6$	$f=6\sim8$	$f=8\sim10$	$f=10\sim12$
1.00	2.00~2.45	2.45~3.50	3.50~4.70	4.70~6.30	6.30~8.50
1.20	2.04~2.50	2.52~3.61	3.64~4.89	4.94~6.62	6.80~8.96
1.40	2.10~2.55	2.60~3.71	3.82~5.12	5.22~6.99	7.37~9.71
1.60	2.20~2.60	2.70~3.85	3.99~5.36	5.55~7.43	8.00~10.54
1.80	2.24~2.67	2.79~3.99	4.20~5.64	5.92~7.94	8.76~11.54
2.00	2.22~2.74	2.92~4.17	4.45~5.97	6.35~8.51	9.58~12.62
2.20	2.28~2.82	3.04~4.34	4.76~6.39	6.91~9.26	10.58~13.94
2.40	2.40~2.87	3.16~4.52	5.11~6.86	7.66~10.27	11.66~15.36
2.60	2.48~2.94	3.31~4.73	5.74~7.71	8.74~11.72	13.29~17.51
2.80	2.52~3.01	3.48~4.97	6.72~9.02	10.34~13.86	15.25~20.09
3.00	2.52~3.09	3.72~4.52	7.77~10.43	12.03~16.13	17.64~23.24

对表 7-10 数据进行分析，可得出不同炮孔深度掏槽孔单位体积耗药量随岩石普氏系数的变化，如图 7-7 所示。

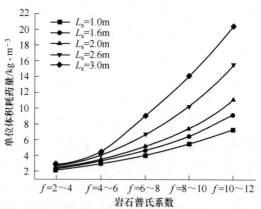

图 7-7　不同炮孔深度掏槽孔单位体积耗药量随岩石普氏系数变化

以上计算结果表明：

（1）随着岩石普氏系数 f 增大，不同孔深掏槽孔单位体积耗药量逐渐增加。

（2）岩石普氏系数 $f=2\sim4$ 时，掏槽孔深度变化对单位体积耗药量 q 值影响不大，最大变化幅度在 0.57kg/m³；随着普氏系数 f 增加到 $4\leqslant f\leqslant6$ 后，掏槽孔深度影响逐渐明显。

（3）炮孔深度较小时（如 $L_s = 1.0m$），掘槽孔单位体积耗药量随岩石普氏系数 f 增大趋势较平缓；当炮孔深度较大时，曲线较陡，即随岩石普氏系数增大，掘槽孔单位体积耗药量随掘槽孔深度增长速度增大。

掘槽孔单位体积耗药量随掘槽孔深度的变化曲线如图 7-8 所示。

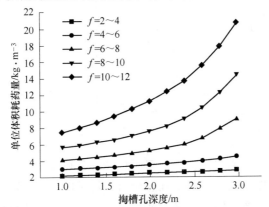

图 7-8 掘槽孔单位体积耗药量随掘槽孔深度的变化曲线

以上结果表明：

（1）随着掘槽孔深度的增加，不同岩性掘槽孔单位体积耗药量逐渐增加。

（2）岩石坚固性系数较小（ $2 \leqslant f \leqslant 6$ ）时，随掘槽孔深度的增加单位体积耗药量呈平稳的缓慢增长趋势；$f>6$ 时，单位体积耗药量随掘槽孔深度的增加较快，且随着孔深的增大其增加的速度越来越快。

（3）在掘槽孔深度 $L_s = 1.0m$ 时，单位体积耗药量受岩石坚固性系数的影响就比较大，差值最大幅度为 2.68kg/m；随着掘槽孔深度增加，单位体积耗药量受岩石普氏系数的影响越来越大。

不同岩石普氏系数 f 掘槽孔爆破单位体积耗药量随掘槽孔深度增加的系数值见表 7-11。

表 7-11 不同条件掘槽孔爆破单位体积耗药量增大系数

掘槽孔深度 /m	岩石普氏系数				
	$f=2\sim4$	$f=4\sim6$	$f=6\sim8$	$f=8\sim10$	$f=10\sim12$
1.00	1.00	1.00	1.00	1.00	1.00
1.20	1.02	1.03	1.04	1.05	1.08
1.40	1.04	1.06	1.09	1.11	1.17
1.60	1.06	1.10	1.14	1.18	1.27
1.80	1.09	1.14	1.20	1.26	1.39
2.00	1.12	1.19	1.27	1.35	1.52

掏槽孔深度 /m	岩石普氏系数				
	$f=2\sim4$	$f=4\sim6$	$f=6\sim8$	$f=8\sim10$	$f=10\sim12$
2.20	1.15	1.24	1.36	1.47	1.68
2.40	1.17	1.29	1.46	1.63	1.85
2.60	1.20	1.35	1.64	1.86	2.11
2.80	1.23	1.42	1.92	2.20	2.42
3.00	1.26	1.52	2.22	2.56	2.80

G　炮泥堵塞长度

a　理论分析

工程爆破中合理爆破参数不仅需要获得好的爆破效果，而且必须保证周围环境安全。爆破参数中炮孔深度和炮孔直径由工程条件具体确定，岩石破碎所需的单位耗药量由岩体性质决定，合理炮孔堵塞长度必须保证装药在炮孔中有一定的作用时间，使周围岩体得以充分破碎，并保证爆生气体以较低速度和压力逸出孔口，以防沿炮孔方向产生飞石。合理确定炮泥堵塞长度对于工程爆破施工有重要研究意义。以往介绍的炮泥堵塞长度计算方法，是将药包在炮孔中爆炸过程分为两个阶段来处理，即动作用（均压）阶段和爆生气体膨胀阶段，过于简化。应力波和气体膨胀压力联合作用破岩理论认为爆炸应力波、气体膨胀压和反射拉伸波三项都对岩石破碎有着重要贡献。炮泥堵塞的主要目的就是要充分发挥占爆炸总能量一半以上的气体膨胀能量的破岩作用。炮泥阻力延长了应力波与气体膨胀压力的作用时间，使得由应力波作用生成的裂缝充分地被高压膨胀气体楔裂，提高了破岩效果。炮泥的作用是防止大部分含有热能的爆生气体在岩石充分破碎前从孔口逸出，如果炮泥堵塞长度不足，接近孔口装药仅起到炮泥作用而不对岩石产生破碎。炮泥作用效果和岩石破碎效果有关。在炸药品种确定以后，炮泥合理长度主要和最小抵抗线和炮孔深度有关。

本节用流体力学观点分析水炮泥在炮孔中的运动规律，得出了炮泥运动速度和时间及炮孔堵塞关系，根据保证岩石形成裂缝所需时间最小要求，提出水炮泥长度确定基本方法，可为实际工程施工提供依据。

如图 7-9 所示，将装药长度为 L_1 的炸药放在垂直的炮孔中，炮泥堵塞长度为 L_2，装药的引爆面为炮孔底面。装药引爆后在炸药体内产生爆轰波并跟随膨胀波，膨胀波遇炮泥时将产生反射稀疏波，稀疏波遇底面时将再次产生反射，其爆轰产物流场如图 7-10 所示。

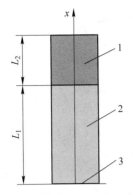

图 7-9　炮孔中装药结构示意图
1—炮泥；2—装药；3—起爆面

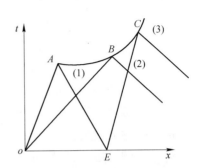

图 7-10　反向起爆炮孔内爆轰产物流场示意图

　　炮孔中爆轰产物流场是由右传膨胀波和在炮泥端面上左传反射波构成的复合波区，该区流场可由式（7-24）和式（7-25）确定：

$$X = (u + c)t \tag{7-24}$$

$$X = (u - c)t + F(u - c) \tag{7-25}$$

式中　　u ——流场中质点运动速度，m/s；

　　　　c ——波的传播速度，m/s。

　　炮泥运动由作用于炮泥爆生气体的压力确定：

$$m_f \times \frac{du_f}{dt} = s \times p_b \tag{7-26}$$

式中　　m_f ——被驱动的水炮泥质量，kg；

　　　　u_f ——被驱动的水炮泥速度，m/s；

　　　　s ——驱动炮泥受力面积，m^2；

　　　　p_b ——驱动水炮泥表面处爆轰产物压力，MPa。

　　按照爆轰产物流动的等熵关系：

$$\frac{p_b}{p_h} = \left(\frac{c_b}{c_h}\right)^k, \ k = 3$$

得：

$$p_b = \frac{8}{27} \times \frac{0}{D_{爆速}} \times c_b^3 \tag{7-27}$$

式中　　p_h ——爆轰压力，$p_h = \frac{1}{4}\rho_0 D_{爆速}^2$；

c_b——被驱动物体表面处爆轰产物流动声速，m/s；

c_h——爆轰波振面声速，m/s，此处取 $c_h = \dfrac{3}{4}D_1$。

将式（7-27）代入式（7-26）得：

$$\frac{\mathrm{d}u_f}{\mathrm{d}t} = \frac{16m_e}{27m_f} \times \frac{c_b^3}{L_1 D_{爆速}} \tag{7-28}$$

式中　L_1——装药长度，m；

　　　m_e——装药质量，kg，$m_e = d_0 s l_2$；

　　　m_f——炮泥质量，kg；

　　　u_f——炮泥运动速度，m/s。

令：$Z = \dfrac{16m_e}{27m_f}$，则被驱动炮泥运动方程为：

$$\frac{\mathrm{d}u_f}{\mathrm{d}t} = \frac{Z}{L_1 D_{爆速}} c_b^3 \tag{7-29}$$

驱动物体表面处爆轰产物速度等于被驱动物体速度，根据式（7-24），被驱动炮泥表面处有 $x_b = (u_b + c_b)t$，由于被驱动炮泥不断运动，x_b，u_b 与 c_b 不断变化，该式对时间 t 微分，代入 $\dfrac{\mathrm{d}u_f}{\mathrm{d}t} = u_b$ 及 $u_b = u_f$ 得微分方程：$\dfrac{\mathrm{d}c_b}{\mathrm{d}t} + \dfrac{c_b}{t} = -\dfrac{Z}{L_1 D_{爆速}} c_b^3$，对微分方程求解得：$c_b^{-2} t^{-2} = \dfrac{2}{L_1 D_{爆速} t} + E_1$，根据边界条件 $t = \dfrac{L_1}{D_{爆速}}$ 时，$c_b = D_{爆速}$，可求得积分常数 E_1，并得：

$$c_b = \frac{L_1}{t}\left[1 + 2\left(1 - \frac{L_1}{D_{爆速}t}\right)\right]^{-\frac{1}{2}} \tag{7-30}$$

令：

$$X = \left[1 + 2Z\left(1 - \frac{L_1}{D_{爆速}t}\right)\right]^{-\frac{1}{2}} \tag{7-31}$$

可得驱动物体运动速度：

$$u_f = D_{爆速}\left(1 - \frac{1-X}{ZX} - \frac{L_1}{D_{爆速}t}\right) \tag{7-32}$$

驱动物体在不同时刻到达位置：

$$x_f = D_{爆速}t\left(1 - \frac{1-X}{ZX}\right) \tag{7-33}$$

炮泥在炮孔中的运动时间可以根据爆生气体在周围岩体中形成裂隙的时间，即岩石开始破裂的时间确定，岩石开始破裂的时间可用式（7-34）表示：

$$t = 2(m_3 + \sqrt{1 + (c/D_{爆速})^2})W/c \qquad (7\text{-}34)$$

式中　t——岩石开始破裂时间，s；

　　m_3——与岩石泊松比 μ 有关的系数，当 $\mu = 0.2 \sim 0.3$ 时，$m_3 = 1.8 \sim 2.1$；

　　　　$\mu = 0.1 \sim 0.2$ 时，$m_3 = 1.6 \sim 1.8$；

　　c——岩体纵波速度，m/s。

据式 (7-34) 可以确定炮泥在炮孔中作用时间，结合式 (7-33) 在已知炮孔深度条件下可以通过假设装药长度，通过迭代求出炮泥堵塞长度、爆生气体出口压力和速度。

b　不同条件合理炮泥堵塞长度

使用煤矿许用水胶炸药，装药爆速 $D_{爆速} = 3600\text{m/s}$，装药密度 $\rho_0 = 1000\text{kg/m}^3$，炮孔直径 $d_b = 32\text{mm}$，装药直径 $d_c = 27\text{mm}$，合理堵塞长度应保证掏槽孔周围裂隙圈已经形成并抛出槽腔，以最小抵抗线 $w = 2.5\text{m}$ 依据式 (7-34) 计算炮泥在炮孔中作用时间，岩石普氏系数 $f = 2 \sim 4$，$4 \sim 6$，$6 \sim 8$，$8 \sim 10$，$10 \sim 12$，不同炮孔长度 $L = 1.0\text{m}$、1.5m、2.0m、2.5m、3.0m 时应具有的炮泥堵塞长度 L_2 见表 7-12。

表 7-12　不同普氏系数岩石炮孔炮泥堵塞长度　　　　　　　　（m）

掏槽孔长度 /m	岩石普氏系数				
	$f = 2 \sim 4$	$f = 4 \sim 6$	$f = 6 \sim 8$	$f = 8 \sim 10$	$f = 10 \sim 12$
1.00	0.70~0.80	0.70~0.80	0.70~0.80	0.60~0.70	0.60~0.70
1.50	1.00~1.10	0.90~1.00	0.90~1.00	0.80~0.90	0.70~0.80
2.00	1.30~1.40	1.20~1.30	1.10~1.20	1.00~1.10	0.90~1.00
2.50	1.50~1.60	1.30~1.40	1.20~1.30	1.10~1.20	1.00~1.10
3.00	1.70~1.80	1.50~1.60	1.40~1.50	1.20~1.30	1.10~1.20

表 7-12 表明：

(1) 岩石普氏系数 $f < 6$，炮孔长度 $L \leqslant 2.00\text{m}$ 时，合理炮孔堵塞长度 L_2 应满足 $L_2 = (0.6 \sim 0.7)L$；炮孔长度 $L > 2.00\text{m}$ 时，合理炮孔堵塞长度 L_2 应满足 $L_2 = (0.5 \sim 0.6)L$。对于普氏系数 $f < 6$ 岩石，合理炮孔堵塞长度 L_2 应为 $L_2 = (0.5 \sim 0.7)L$，炮孔长度较小时取大值，炮孔长度较大时取小值。

(2) 岩石普氏系数 $f \geqslant 6$ 时，炮孔长度 $L \leqslant 2.00\text{m}$ 时，合理炮泥堵塞长度 L_2 应为 $L_2 = (0.5 \sim 0.6)L$；炮孔长度 $L > 2.00\text{m}$ 时，合理炮泥堵塞长度 L_2 应为 $L_2 = (0.4 \sim 0.5)L$。对于普氏系数 $f \geqslant 6$ 岩石，掏槽孔炮泥堵塞长度应为 $L_2 = (0.4 \sim 0.6)L$，炮孔长度较小时取大值，炮孔长度较大时取小值。

(3) 炮泥堵塞长度一般应满足 $L_2 \geqslant 0.5L$。炮孔长度 $L \leqslant 1.00\text{m}$ 时，对于普

氏系数 $f < 6$ 岩石，炮孔需要较长比例炮泥堵塞长度，装药长度较短，对于普氏系数 f 较小岩石，工程中不宜使用浅孔爆破。炮孔长度 $L \leqslant 0.50 \mathrm{m}$ 时，不同普氏系数岩石都需较大炮泥堵塞长度比例，炮泥堵塞难以达到预期效果，炮孔深度 $L \leqslant 0.50 \mathrm{m}$ 时不允许放炮。

以上分析结果和煤矿安全规程有关规定一致。

H　炮孔直径

掏槽孔需较长炮泥堵塞且需较大单孔装药量，为满足该要求，炮孔采用耦合装药时，合理炮孔直径可表示为：

$$d_{\mathrm{b}} = \sqrt{\frac{4Q}{\pi \rho_0 (L - L_2)}} \tag{7-35}$$

根据单孔装药量、炮泥堵塞长度与炮孔深度及岩性关系，炮孔深度，即循环进尺较大，岩石普氏系数较大时，应选择较大炮孔直径，但炮孔直径较大时，钻速会显著下降。结合淮北矿区工程实际，岩石普氏系数 $f < 6$ 时，炮孔直径 $d_{\mathrm{b}} = 32 \mathrm{mm}$ 较为合理；岩石普氏系数 $f > 6$ 时，炮孔直径 $d_{\mathrm{b}} = 40 \mathrm{mm}$ 较为合理。

I　掏槽级数

依据表 7-9，不同普氏系数岩石掏槽孔炮孔深度有合理取值，但根据岩巷掘进月进度计划要求，需要较大循环进尺，进而需要较大的炮孔深度，此时必须采用分级掏槽以满足掘进速度要求。不同岩性岩体满足月进尺超过 100.0m，炮孔深度选择 $L_{\mathrm{s}} = 2.50 \mathrm{m}$ 左右中深孔爆破时，不同普氏系数岩石爆破应选择的分级掏槽见表 7-13 。

表 7-13　不同普氏系数岩石应选择分级掏槽数

岩石普氏系数 f	2~4	4~6	6~8	8~10	10~12
推荐掏槽级数	1	1~2	2~3	3~4	4

J　起爆方式

采用柱状装药时，起爆药包位置决定了炸药起爆以后爆轰波的传播方向。也决定了爆炸应力波的传播方向和爆轰气体的作用时间，所以对爆破作用产生一定的影响。

根据起爆药包在炮孔中安置位置不同，有三种不同的起爆方式：一种是起爆药包装于孔底，雷管聚能穴朝向孔口，即反向起爆；第二种是起爆药包装于靠近孔口附近，雷管聚能穴朝向孔底，称为正向起爆；第三种是多点起爆，即在长药包中于孔口附近和孔底分别放置起爆药包。

实践证明，反向起爆能提高炮孔利用率，减小岩石块度，降低炸药消耗量和改善爆破作用安全条件。这可以解释为：

（1）提高了爆炸应力波作用。由于从孔底起爆，爆炸应力波在传播过程中将叠加成一个高压应力波朝向自由面，这就使得在自由面附近形成强烈的拉伸应力波，从而提高了自由面附近岩石破碎效果。正向起爆的情况与它完全相反，叠加后的应力波不是指向自由面，而是指向岩体内部，使应力波的能量被无限的岩体所吸引，降低了对岩石的破碎作用。

（2）增长了应力波的动压和爆轰气体的静压作用时间。如图7-11所示，在其他条件相同时，从图7-11（a）中 A 点进行正向起爆和从图7-11（b）中 B 点进行反向起爆后，爆炸应力波分别向自由面传播并在自由面产生反射。从图中可明显看出，从起爆到反射波各自回到 A 点的时间，反向起爆比正向起爆推迟了一段时间。在这段时间内岩石在应力波和爆轰气体作用下，能产生更多的裂隙和使裂隙得到进一步的扩大和延伸。与此相反，正向起爆时反射波到达 A 点后，在反射拉伸波的作用下，过早地产生了与自由面贯通的裂隙，使炮孔中的爆炸气体过早地外逸，降低了破碎效果，同时还影响了下段药柱的稳定传爆，容易造成残孔。

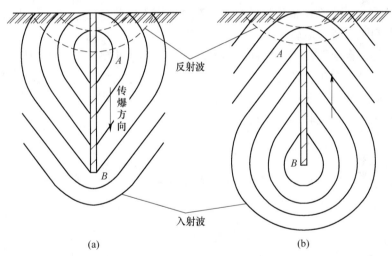

图 7-11　起爆方向与应力波之间的关系

（a）正向起爆；（b）反向起爆

（3）增大了孔底爆破作用。岩石抵抗爆破的阻力随着孔深而增大，孔底部分的抗爆阻力最大，要破碎这部分岩石需要消耗较多的能量。若采用正向起爆，孔口容易过早地产生裂隙，爆炸气体容易沿裂隙逸出。所以作用在孔底的压力会明显降低，而且爆炸气体作用的时间也缩短了，影响了孔底部分岩石的破碎效果。若采用反向起爆，爆炸气体在岩石破裂之前，一直被密封在炮孔内，所以作用在岩石上的压力较高，作用时间也较长，因此有利于岩石破碎。反向起爆不仅有利于岩石破碎，而且可以减少炮泥堵塞长度，在无瓦斯巷道岩石特别是硬岩掘槽爆破中应予以采用。

K　炸药性质

波阻抗等于介质声速同该介质密度的乘积。它表示介质在受到应力波作用时的相对位移量，并同炸药爆炸能量传播给岩石的效率有直接关系。因此，为了改善爆破效果，必须根据岩石的波阻抗值来选择炸药品种，使它们各自的波阻抗值能够很好地相互匹配。试验表明，炸药波阻抗值愈接近岩石波阻抗值，爆炸能量的传播效率愈高，因而在岩石中引起的应变值也愈大。从前面的分析中我们知道，硬岩的波阻抗大约为 $25 \times 10^5 \mathrm{g}/(\mathrm{cm}^2 \cdot \mathrm{s})$，而硝铵炸药波阻抗范围则约 $7 \times 10^5 \mathrm{g}/(\mathrm{cm}^2 \cdot \mathrm{s})$，由此可以看出，坚硬岩石选用的炸药波阻抗值愈高，其能量传播效果也愈高。

7.1.3　辅助孔爆破参数确定

辅助孔起爆有两个自由面作用，其中掏槽孔起爆后形成的自由面与炮孔方向平行，作用效果最为明显。由于自由面作用，与掏槽孔比较，需要的炮泥堵塞长度明显减小，因而单孔装药量增多，岩石单位体积耗药量减小及单孔装药量增多可使炮孔间距及排距取较大值。

由于是多自由面作用，辅助孔炮孔深度可比掏槽孔略浅，约为掏槽孔深度的 0.85~0.90 倍，炮孔直径可据式（7-35）计算，取与掏槽孔炮孔直径相同值，炸药类型根据岩性也与掏槽孔炸药类型相同。炮孔单孔装药量、炮孔堵塞长度、炮孔间排距之间存在关联性，可按以下方式确定。

7.1.3.1　炮孔间排距

已有研究成果表明，宽孔距小排距布孔方式能使爆炸应力波能量充分应用于破碎岩石之中，且在岩体中分布均匀，定义炮孔密集系数 m 为：

$$m = \frac{a}{b} \tag{7-36}$$

式中　a——炮孔间距，m；

　　　b——炮孔排距，m。

取炮孔密集系数 $m = 1.0 \sim 2.0$，可以取得较好效果。目前工程上一般取 $m = 1.0 \sim 1.2$。

7.1.3.2　炮孔堵塞长度

据式（7-33）及式（7-34），分析不同普氏系数 f 岩石炮泥堵塞长度，结合工程实践，辅助孔炮泥堵塞长度 $L_2 \approx b$，对于普氏系数 $f \leq 4$ 岩石，炮泥堵塞长度应满足 $L_2 \geq 1.0\mathrm{m}$。

7.1.3.3 单孔装药量

辅助孔单孔装药量可按式（7-37）计算：

$$Q = \pi d_{\mathrm{b}}^2 \rho_0 (L - L_2)/4 \tag{7-37}$$

也可按式（7-38）计算：

$$Q = abLq_{辅} \tag{7-38}$$

式中 $q_{辅}$——辅助孔单位体积耗药量，kg/m³。

由于存在自由面，可取辅助孔单位体积耗药量 $q_{辅}$ 为该岩性条件下形成的标准抛掷漏斗单位耗药量 $q_{标}$。不同岩性辅助孔爆破单位体积耗药量可依据表 7-14 选取。

根据炮孔深度 L_{s}、炮孔直径 d_{b}、不同岩性辅助孔单位体积耗药量 $q_{辅}$，以及 $a = (1.0 \sim 1.2)b$，$L_2 = b$，依据式（7-35）和式（7-36）可以确定辅助孔间距 a、排距 b、炮泥堵塞长度 L_2 以及单孔装药量 Q。

不同普氏系数岩石辅助孔炮孔间距可按表 7-15 选取。

表 7-14 不同条件下辅助孔爆破单位体积耗药量

岩石普氏系数 f	2~4	4~6	6~8	8~10	10~12
单位体积耗药量 /kg·m⁻³	1.52~1.71	1.71~2.23	2.23~2.74	2.74~3.08	3.08~4.06

表 7-15 不同普氏系数岩石辅助孔炮孔间距

岩石普氏系数 f	2~4	4~6	6~8	8~10	10~12
炮孔间距/m	0.65~0.75	0.60~0.65	0.55~0.65	0.50~0.55	0.40~0.50

7.1.4 周边孔爆破参数确定

井巷掘进爆破工程中，如周边孔炮孔深度取值与辅助孔相同，起爆后要达到光面爆破效果，则必须合理确定周边孔装药结构（径向不耦合系数及轴向不耦合系数）及单孔装药量，使炮孔壁不被压碎以及爆炸作用于炮孔全长方向的作用力均匀；合理确定炮孔间距使炮孔连线方向由于拉应力而断裂；合理确定光爆层厚度及炮孔密集系数使周边孔在沿炮孔连线方向断裂的同时，光爆层得到有效破碎。

7.1.4.1 装药结构

炸药在炮孔（或炮孔）中爆炸后，当冲击波衰减为压缩应力波作用于岩石时，径向方向产生压应力和压缩变形，切向方向产生拉应力和拉伸变形。由于岩石抗拉能力很弱，在径向方向上很容易产生裂缝。

在距炮孔中心 r 处，径向、切向应力分别为：

$$\sigma_r = p\left(\frac{r_b}{r}\right)^{\partial} \tag{7-39}$$

式中　　σ_r ——径向应力，MPa；

　　　　r ——距离药包中心的距离，m；

　　　　p ——炮孔壁上的冲击应力，MPa。

$$\sigma_\theta = m_5 \sigma_r \tag{7-40}$$

式中　　σ_θ ——切向应力，MPa；

　　　　m_5 ——切向应力与径向应力比值，其中

$$m_5 = \frac{\mu}{1-\mu} \tag{7-41}$$

采用空气间隔不耦合装药，炮孔壁冲击压力：

$$p = \frac{1}{8}\rho_0 D^2 \left(\frac{d_c}{d_b}\right)^6 m_6 \tag{7-42}$$

式中　　d_c ——药卷直径，m；

　　　　d_b ——炮孔直径，m；

　　　　m_6 ——爆轰产物撞击炮孔壁压力增大系数。

如果炮孔壁岩石不产生破碎，作用于炮孔壁的冲击压力应小于岩石动态抗压强度，即：

$$\sigma_r \leqslant m_7 [\sigma_{压}] \tag{7-43}$$

式中　　m_7 ——岩石动态抗压强度增加系数，$m_7 = 4.0 \sim 5.0$；

　　　　$[\sigma_{压}]$ ——岩石静态抗压强度，MPa。

工程中周边孔轴向不耦合系数 $n_{轴}$ 一般取为 $3.0 \sim 4.0$，径向不耦合系数 $n_{径}$ 一般取为 $1.2 \sim 1.5$。硬岩应取较小值。

7.1.4.2　单孔装药量

根据径向和轴向不耦合系数的取值，可得单孔装药量为：

$$Q = \frac{\pi \rho_0 L}{4 n_{轴}\, n_{径}^2} d_b^2 \tag{7-44}$$

工程中一般按式 (7-45) 计算单孔装药量：

$$Q = q_{线} L \tag{7-45}$$

式中　　$q_{线}$ ——炮孔单位长度装药量，即线装药密度，kg/m。

线装药密度 $q_{线}$ 一般取为 $150 \sim 250$kg/m，软岩取小值，硬岩取大值。

7.1.4.3 炮孔间距

周边孔炮孔间距计算也是多种多样，但多数计算的理论基础是爆炸应力波和爆轰气体综合作用理论。岩石是一种抗压强度较大而抗拉强度较低的脆性材料，炮孔连线切向方向存在拉应力使其容易产生裂缝。

岩石在切向拉应力 σ_θ 作用下产生拉断裂隙的条件为：

$$\sigma_\theta \geq S_t \tag{7-46}$$

式中 σ_θ——切向拉应力，MPa；

    S_t——岩石动抗拉强度，MPa。

根据式（7-39）及式（7-40），可得单孔裂隙半径为：

$$r_k = \left(\frac{m_5 p}{S_t}\right)^{\frac{1}{a}} r_b \tag{7-47}$$

式中 r_k——周边孔单孔裂隙圈半径，m。

多孔相互作用时，由于应力集中，裂隙半径应更大。研究表明，周边孔相邻炮孔形成贯穿是由于爆炸应力波在炮孔壁形成初始裂缝后，爆生气体锲入裂缝中，使裂缝延伸后贯通。但为了确保裂缝之间贯通，要求在应力波作用使裂缝贯通的基础上，爆生气体使裂隙宽度进一步加大。为此，必须满足：

$$p_b d_b = (a - 2r_k) S_t \tag{7-48}$$

$$a = 2r_k + \left(\frac{p_b}{S_t}\right) d_b \tag{7-49}$$

$$r_k = \left(\frac{p_b}{S_t}\right)^{\frac{1}{a}} r_b \tag{7-50}$$

工程中，一般周边孔炮孔间距可取为：$a = 300 \sim 500$ m，软岩取小值，硬岩取大值。不同岩性普氏系数周边孔间距取值见表 7-16。

表 7-16 不同岩性普氏系数周边孔炮孔间距

岩石普氏系数 f	2~4	4~6	6~8	8~10	10~12
炮孔间距/m	0.25~0.30	0.30~0.35	0.35~0.40	0.40~0.45	0.45~0.50

7.1.4.4 光爆层厚度

周边孔最小抵抗线，即光爆层厚度，其大小直接影响光面爆破的效果。光爆层厚度过大，光面层岩石将得不到适当破碎，以致不能使其沿炮孔底部切割下来；反之，光面层厚度过小，在反射波作用下，围岩内产生较多、较长的裂隙，影响围岩稳定性，甚至造成围岩片落，超挖和巷道壁面的凹凸不平。可以根据装药量大小确定合理光爆层厚度。

周边孔装药量可按式（7-51）计算：

$$Q = (0.4 + 0.6n^3) q_{标} w_{周}^2 L \tag{7-51}$$

式中　$q_{标}$——标准抛掷爆破单位体积耗药量，kg/m³；

　　　$w_{周}$——周边孔最小抵抗线，即光爆层厚度，m；

　　　n——爆破作用指数，对于周边孔光面爆破，采用弱抛掷，取 $n = 0.75$。

工程中一般根据炮孔间距和炮孔密集系数按式（7-52）确定 $w_{周}$：

$$w_{周} = \frac{a}{m} \tag{7-52}$$

式中　a——周边孔炮孔间距，m；

　　　m——炮孔密集系数，可取 $m = 0.7 \sim 0.9$。

依据以上分析可以估算炮孔间距 a、光爆层厚度 $w_{周}$ 及单孔装药量 Q。

7.1.5　起爆时差

7.1.5.1　微差爆破原理

微差爆破就是指顺序起爆的炮孔或炮孔组之间在时间上相差若干毫秒的爆破方法。比起以秒为单位的秒差爆破，其延期时间要短得多，但又不同于同时起爆。实践证明，毫秒爆破具有爆破岩石块度小而均匀、炮孔利用率高、岩帮震动小、巷道规格好等特点。

国内外许多学者对微差爆破原理进行了许多试验研究，提出了许多论点，主要有以下几个：

（1）自由面增多。微差爆破时，先起爆炮孔，相当于单孔漏斗爆破，在压缩波和反射拉伸波以及爆生气体作用下，在岩石中形成爆破漏斗，为后继装药创造了一个新的自由面，同时也在岩石中造成了一定的破坏，产生裂缝。这无疑又给后继装药提供了更多的大小不一、分布不规则的裂隙辅助自由面，从而增强了破岩作用，改善了破碎效果。

（2）应力波叠加。当第一组炮孔起爆形成爆破漏斗后很短时间，第二组微差延期炮孔装药也紧跟着起爆，新形成的爆破漏斗侧边以及漏斗体外的细微裂缝和已形成的应力场，对后起爆的炮孔来说将是一个有利的破碎条件，相当于新增加自由面并处于应力状态下。同时，后起爆炮孔最小抵抗线方向和爆破作用方向都有所改变，加强了入射压缩波和反射拉伸波在自由面方向岩石破碎作用。随着自由面的增加和岩石夹制作用的减小，爆破能量可较为充分地加以利用并破碎岩石，有利于降低大块率，提高爆破效果。同时，先起爆炮孔形成的应力场在岩体内尚未消失前，后爆炮孔立即起爆，两组炮孔的应力场相叠加，增强了应力波作用，也有利于提高爆破率。

（3）岩块碰撞。当前一组炮孔起爆后，爆飞的岩石还未降落时，后一组炮孔爆下的岩石向新形成的自由面飞散。两组炮孔爆飞的岩石互相发生碰撞，利用动能使其再次发生破碎，因而爆堆比较集中而又不飞掷过远。

（4）地震波干扰。由于相邻两组炮孔的起爆顺序是相同布置的，相邻炮孔以毫秒间隔时间起爆，爆破产生的地震波能量在时间和空间上都分散。地震效应所以能减弱，主要是错开了主震相的相位。这样，即使初震相或余震相可能叠加，也不至超过原来主震相的最大振幅。

7.1.5.2 合理微差爆破间隔时间确定

合理微差爆破间隔时间的确定是保证微差爆破效果的关键。根据自由面假说确定合理的微差爆破间隔时间应为：

$$T = T_1 + T_2 + T_3 \tag{7-53}$$

式中　T——合理微差爆破间隔时间，ms；

　　　T_1——初始应力场发展到自由面时间，ms；

　　　T_2——从岩石内形成裂缝到开始发生位移时间，ms；

　　　T_3——从开始位移到形成自由面时间，ms。

其大小主要和最小抵抗、装药量、岩石性质及炸药种类等有关。目前，主要经验公式有以下几个。

（1）根据最小抵抗线大小确定微差爆破间隔时间，即：

$$T = m_8 W \tag{7-54}$$

式中　m_8——系数，根据试验和统计资料求出。

（2）冶金部矿冶研究院提出下列公式：

$$T = (1.25 \sim 1.8) \sqrt[3]{Q} + 9\left(\frac{\rho_0 D}{\rho C} - 0.18\right)\sqrt[3]{Q} + \frac{S_1}{v_p} \tag{7-55}$$

式中　S_1——破碎岩块脱离原岩体的距离，一般取 $S_1 = 0.01\text{m}$；

　　　v_p——岩块运动平均速度，m/s；$v_p = 4.0 \sim 7.0\text{m/s}$。

（3）长沙矿冶研究院根据试验结果提出如下的经验计算公式：

$$T = (m_9 + m_{10})\sqrt[3]{Q} + \frac{S_1}{v_p} \tag{7-56}$$

式中　m_9——正波历时系数，$m_9 = 1.25 \sim 1.8$；

　　　m_{10}——负波历时系数：

$$m_{10} = 9(Z_0/Z_m - 0.18) \tag{7-57}$$

　　　Z_0——炸药波阻抗，$\text{kg}/(\text{m}^2 \cdot \text{s})$；

　　　Z_m——岩石波阻抗，$\text{kg}/(\text{m}^2 \cdot \text{s})$。

（4）长沙矿冶研究院还利用高速摄影观测得到：

$$T = W/C + 2.45Q^{1/3} + 3.483 \times 10^{-5}W^2\rho/d_b \tag{7-58}$$

7.2　淮北矿区深部岩巷爆破掘进爆破参数合理性分析

以涡北矿北四采区回风下山、许疃矿 $3_2$38 底抽巷、许疃矿-800 m 回风大巷以及袁店二矿 101 采区运输上山及石门爆破法掘进为例，分析爆破参数选择的合理性。

7.2.1　炮孔深度合理性分析

四条巷道原爆破方案炮孔深度 $L_s = 1800 \sim 2000$mm。取炮孔利用率 $\eta = 85\%$，每月按 $N = 25$d 计算，每天完成 2 个循环掘进，$m_2 = 2$，据式（7-17），则月进尺约为 85.0m。月进尺偏少，不能达到快速掘进预期效果。为提高掘进速度，应增加爆破掘进每循环掘进炮孔深度或选择其他掘进方式。

7.2.2　微差爆破时间间隔合理性分析

由于发爆器起爆能力限制，全断面分二次起爆，每次起爆掏槽孔Ⅰ段、辅助孔Ⅱ段及Ⅲ段、周边孔及底孔Ⅳ段，每段间隔 25ms。根据经验公式（7-53）~式（7-58），微差爆破时间间隔基本合理。为增加掏槽孔形成的自由面作用，可将 2 排辅助孔分Ⅲ段、Ⅳ段起爆，周边孔及底孔以Ⅴ段起爆，掏槽孔与邻近辅助孔起爆时间间隔增加到 50ms，进一步增加掏槽爆破效果。

7.2.3　掏槽孔爆破参数合理性分析

（1）起爆方式。反向起爆能增加爆生气体作用时间，对于夹制作用大的单自由面掏槽爆破反向起爆是有益的，原爆破方案掏槽孔采用反向起爆合理。

（2）炮泥堵塞长度及炮孔装药长度。掏槽孔由于仅有 1 个垂直炮孔的自由面，装药极易沿炮孔方向逸出，应加强堵塞。许疃矿 $3_2$38 底抽巷砂岩地段、涡北矿北四采区回风下山掏槽孔深度 $L_s = 2200$mm，许疃矿-800m 回风大巷泥岩地段掏槽孔深度 $L_s = 1950$mm、袁店二矿 101 采区运输上山及石门掏槽孔深度 $L_s = 2100$mm，依据表 7-11，炮泥堵塞长度应达到 $L_2 = 1100 \sim 1200$mm，但依据爆破图表及工程实测每孔装药总长度 $L_1 = 1200 \sim 1500$mm，堵塞长度 $L_2 = 700 \sim 900$mm，炮泥堵塞长度明显不够，部分装药仅起到堵塞炮泥作用，不能有效破碎岩石。

（3）炮孔深度。考虑到深部岩石夹制作用，涡北矿北四采区回风下山、许疃矿 $3_2$38 底抽巷砂岩地段辅助孔及周边孔炮孔深度为 $L_s = 2000$mm，掏槽孔深度取为 $L_s = 2200$mm，炮孔利用率按 85% 计，循环进尺约 1700mm，每天 2 循环掘进，每月按 25d 计，月进度约 85.0m，达不到快速掘进的目的。许疃矿-800m 回风大巷泥岩地段辅助孔及周边孔炮孔深度为 1750mm，掏槽孔深度取为 1950mm，炮孔利用率按 85% 计，循环进尺约 1500mm，每天 2 循环掘进，每月按 25d 计，月进度约 75.0m，达不到快速掘进的目的。袁店二矿 101 采区运输上山及石门月进度也仅为 80m，达不到快速掘进要求。

（4）单孔装药量。

1）涡北矿北四采区回风下山。工程实际爆破参数中掏槽孔体积 $V = 1.04m^3$，掏槽孔数量 $N = 6$，每孔装药量 $Q = 0.9kg$，单位体积耗药量 $q = 5.1kg/m^3$。岩石性质为砂岩，依据表 7-10，单位体积耗药量应在 $4.45 \sim 5.97kg/m^3$ 之间，工程中所采用的单位体积耗药量基本合理。

2）许疃矿 $3_2 38$ 底抽巷。工程实际爆破参数中掏槽孔体积 $V = 0.88m^3$，掏槽孔数量 $N = 6$，每孔装药量 $Q = 0.9kg$，单位体积耗药量 $q = 6.0kg/m^3$。岩石性质为砂岩，依据表 7-10，单位体积耗药量应在 $4.45 \sim 5.97kg/m^3$ 之间，工程中所采用的单位体积耗药量基本合理。

3）许疃矿 -800m 回风大巷。工程实际爆破参数中掏槽孔体积 $V = 1.0m^3$，掏槽孔数量 $N = 6$，每孔装药量 $Q = 0.65kg$，单位体积耗药量 $q = 3.8kg/m^3$。岩石性质为 $f \approx 5$ 的泥岩，依据表 7-10，单位体积耗药量应在 $4.0kg/m^3$ 之间，工程中所采用的单位体积耗药量基本合理。

由于装药系数较大，炮泥封堵长度不够，部分装药未起到爆破岩石作用，仅起炮泥堵塞效果，能量以空气冲击波形式消耗。

4）袁店二矿 101 采区运输上山及石门。工程实际爆破参数中掏槽孔体积 $V = 0.8m^3$，掏槽孔数量 $N_2 = 6$，每孔装药量 $Q = 0.9kg$，单位体积耗药量 $q = 6.8kg/m^3$。依据表 7-10，取硬质砂岩掏槽孔单位体积耗药量 $q = 6.6kg/m^3$；工程中采用的单位耗药量基本合理，但由于装药系数较大，炮泥封堵长度不够，部分装药未起到爆破岩石作用，仅起炮泥堵塞效果，能量以空气冲击波形式消耗。

（5）炮孔直径及装药直径。根据以上分析，炮孔堵塞长度明显偏小，可以通过增大药卷直径及炮孔直径来减少装药长度，增加炮泥堵塞长度。但炮孔直径增大使钻孔速度下降，对于 $f \leqslant 6$ 的岩石，炮孔直径由 $d_b = 32mm$ 增加到 $d_b = 40mm$，钻孔速度的降低影响并不显著。考虑淮北矿区工程实际，炮孔直径仍取为 $d_b = 32mm$。

（6）炮孔倾角及炮孔孔底间距。涡北矿北四采区回风下山炮孔倾角设计为 $\theta = 18°$，许疃矿 $3_2 38$ 底抽巷炮孔倾角设计为 $\theta = 80°$，许疃矿 -800m 回风大巷炮孔倾角设计为 $\theta = 78°$，袁店二矿 101 采区运输上山及石门，炮孔倾角设计为 $\theta = 81°$。对于 $f = 6 \sim 8$ 的砂岩，依据表 6-6，$\theta = 65° \sim 70°$，涡北矿北四采区回风下山、许疃矿 $3_2 38$ 底抽巷以及袁店二矿 101 采区运输上山及石门炮孔倾角 θ 取值偏大。对于 $f \approx 5$ 的泥岩，依据表 7-6，$\theta \approx 70°$，许疃矿 -800m 回风大巷炮孔倾角 θ 取值也稍大。涡北矿北四采区回风下山、许疃矿 $3_2$38 底抽巷、许疃矿 -800m 回风大巷以及袁店二矿 101 采区运输上山及石门炮孔孔底间距都取为 300mm。依据表 7-5，涡北矿北四采区回风下山、许疃矿 $3_2$38 底抽巷、袁店二矿 101 采区运输上山及石门砂岩段取值偏大，根据 $f=6\sim8$ 的砂岩，合理取值应为 $200\sim250$mm；依据表 7-5，$f\approx5$ 的泥岩，炮孔孔底间距合理取值应为 300mm 左右，许疃矿 -800m 回风大巷泥岩地段炮孔孔底间距取值基本合理。

（7）炮孔列间距。涡北矿北四采区回风下山掏槽孔列间距工程取值为 $a=$ 400mm，许疃矿 $3_2$38 底抽巷炮孔列间距工程取值为 $a=450$mm，袁店二矿 101 采区运输上山及石门列间距取值为 300mm，依据表 7-4，$f=6\sim8$ 的砂岩，炮孔列间距合理取值应为 $400\sim500$mm，涡北矿北四采区回风下山以及许疃矿 $3_2$38 底抽巷工程取值基本合理，袁店二矿 101 采区运输上山及石门取值偏小。许疃矿 -800m 回风大巷泥岩地段工程炮孔列间距取值为 500mm，依据表 7-4，$f\approx5$ 的泥岩，炮孔列间距合理取值应比 500mm 略大，工程取值基本合理。

（8）炮孔孔口间距。涡北矿北四采区回风下山巷道炮孔孔口间距工程取值为 1000mm，许疃矿 $3_2$38 底抽巷炮孔孔口间距工程取值为 1200mm，许疃矿 -800m 回风大巷泥岩地段炮孔孔口间距工程取值为 1200mm，袁店二矿 101 采区运输上山及石门列间距取值为 1264mm。依据表 7-5 炮孔孔底间距合理取值及表 7-6 炮孔倾角合理取值，结合所需掏槽孔炮孔深度，许疃矿 $3_2$38 底抽巷、涡北矿北四采区回风下山砂岩段、许疃矿 -800m 回风大巷泥岩段以及袁店二矿 101 采区运输上山及石门炮孔孔口间距合理取值应在 $1500\sim2000$mm 之间。各条巷道炮孔孔口间距工程取值明显偏小，这主要是由于炮孔倾角取值偏大造成。

（9）掏槽级数。根据炮孔深度、炮孔倾角及炮孔孔底间距确定的炮孔孔口间距明显较大，工程应用时不易达到预期爆破效果，装药长度满足单孔装药量要求后，炮泥堵塞长度难以满足堵塞最短堵塞长度要求，这主要是由于原爆破方案仅采用了一级掏槽造成的。许疃矿 $3_2$38 底抽巷、涡北矿北四采区回风下山以及袁店二矿 101 采区运输上山及石门 $f=6\sim8$ 砂岩段，根据表 7-12，如果炮孔深度 $L_s=2000$mm 左右（掏槽孔炮孔深度 $L_s=2200$mm），必须采用二级掏槽；许疃 -800m 回风大巷泥岩 $f\approx5$ 地段，根据表 7-12，如果炮孔深度 $L_s=1750$mm（掏槽孔炮孔深度 $L_s=1950$mm）时，采用二级掏槽更合理一些。

（10）掏槽范围。涡北矿北四采区回风下山、许疃矿 $3_2$38 底抽巷砂岩地段、许疃矿 -800m 回风巷泥岩地段掏槽面积分别为 $0.8m^2$、$1.08m^2$、$1.2m^2$，巷道面积分别为 $16.3m^2$、$17.1m^2$、$19.0m^2$。掏槽面积占巷道断面积分别为 5.0%、6.0%、6.3%，根据掏槽面积应取巷道断面积 5.0% ~ 10.0%（硬岩掏槽范围取大值，软岩取小值）的要求，涡北矿北四采区回风下山、许疃矿 $3_2$38 底抽巷砂岩地段掏槽范围偏小，许疃矿 -800m 回风大巷泥岩地段掏槽面积略小。应选择二级掘槽，加大掘槽范围，提高掘槽爆破效果。

7.2.4 辅助孔爆破参数合理性分析

（1）涡北矿北四采区回风下山巷道。辅助孔间距取为 $a=400\sim500m$，排距取为 $b=500\sim550mm$，单孔装药量 $Q=0.6kg$，辅助孔单位体积耗药量约为 $q=1.2\sim1.5kg/m^3$，依据表 7-13 及表 7-14，炮孔间排距较为合理，单孔装药量偏少。

（2）许疃矿 3_238 底抽巷。辅助孔间距取为 $a=400\sim460mm$，排距取为 $b=450\sim480mm$，单孔装药量 $Q=0.6kg$，辅助孔单位体积耗药量为 $q=1.36\sim1.70kg/m^3$，依据表 7-13 及表 7-14，炮孔间排距较为合理，单孔装药量偏少。

（3）许疃矿 $-800m$ 回风大巷。辅助孔间距取为 $a=500\sim550mm$，排距取为 $b=450\sim500mm$，单孔装药量 $Q=0.45kg$，辅助孔单位体积耗药量约为 $q=0.94\sim1.17kg/m^3$，依据表 7-13 及表 7-14，炮孔间排距较为合理，单孔装药量偏少。

（4）袁店二矿 101 采区运输上山及石门。辅助孔间距取为 $a=550\sim600mm$，排距取为 $b=550\sim600mm$，单孔装药量 $Q=0.66kg$，辅助孔单位体积耗药量约为 $q=1.1\sim1.4kg/m^3$，单孔装药量偏小。炮孔间排距偏大。

7.2.5 周边孔爆破参数合理性分析

（1）涡北矿北四采区回风下山巷道。周边孔炮孔间距取为 $a=300mm$，光爆层厚度取为 $w_周=400mm$，单孔装药量 $Q=0.3kg$，单位体积耗药量 $q\approx1.26kg/m^3$，依据表 7-15，周边孔炮孔间距 a 略小，依据式（7-44），单孔装药量偏大。

（2）许疃矿 3_238 底抽巷。周边孔炮孔间距取为 $a=300mm$，光爆层厚度取为 $w_周=450mm$，单孔装药量 $Q=0.3kg$，单位体积耗药量 $q\approx1.1kg/m^3$，依据表 7-15，周边孔炮孔间距 a 略小，依据式（7-44），单孔装药量略大。

（3）许疃矿 $-800m$ 回风大巷。周边孔炮孔间距取为 $a=300mm$，光爆层厚度取为 $w_周=350mm$，单孔装药量 $Q=0.15kg$，单位体积耗药量 $q=0.84kg/m^3$，依据表 7-15，周边孔炮孔间距合理，依据式（7-44），单孔装药量基本合理。

（4）袁店二矿 101 采区运输上山及石门。周边孔炮孔间距取为 $a=350mm$，炮孔间距偏小；周边孔单孔装药量 $180g/m$，岩性为砂岩的周边孔单孔装药量偏少，应在加大炮孔间距的同时，增大单孔装药量。光爆层厚度取 $700mm$，炮孔密集系数为 $m=0.5$，明显偏离合理炮孔密集系数 $m=0.7\sim0.9$ 的一般规定，应在加大炮孔间距的同时减小光爆层厚度。

7.3　淮北矿区深部岩巷爆破掘进合理爆破参数选择

7.3.1　合理炮孔深度

为增加岩巷掘进速度，每月掘进进尺超过 100m，在减少有关关键工序作业时间及优化施工组织基础上，"三八制"作业，每天 2 个循环，炮孔利用率为 $\eta=85\%$，辅助孔及周边孔炮孔深度应达到 $L_s=2200 \sim 2500mm$，掏槽孔炮孔深度应达到 $L_s=2500 \sim 2700mm$。

7.3.2　合理掏槽孔爆破参数

采用工程中广泛使用的楔形掏槽。由于掏槽深度较大，如果掏槽孔直径不变，选择一级掏槽不能同时满足装药长度及炮孔炮泥堵塞长度要求，同时炮孔孔口间距过大难以达到预期爆破效果，因此炮孔直径不变条件下改用二级楔形掏槽，或者增大炮孔直径条件下选择一级掏槽，选择反向起爆以增加爆生气体作用时间和减少炮孔炮泥堵塞长度。针对许疃矿 $3_2 38$ 底抽巷、涡北矿北四采区回风下山 $f=6 \sim 8$ 砂岩段一级掏槽炮孔直径 $d_b=32mm$、装药直径 $d_c=27.0mm$，炮孔深度 $L_s=1300mm$，炮孔倾角 $\theta=72°$，炮孔孔底间距 $d=200mm$，炮孔列间距 $a=400mm$，炮孔孔口间距 $S=1050mm$，单孔装药量 $Q=0.38kg$，装药长度 $L_1=550mm$，炮泥堵塞长度 $L_2=770mm$，满足炮泥堵塞长度要求。二级掏槽孔炮孔深度 $L_s=2700mm$，炮孔孔底间距 $d=400mm$，炮孔列间距 $a=500mm$，炮孔倾角 $\theta=80°$，炮孔孔口间距 $S=1360mm$，单位体积耗药量 $q=3.6kg/m^3$，单孔装药量 $Q=1.07kg$，装药长度 $L_1=1500mm$，炮泥堵塞长度 $L_2=1200mm$，满足表 7-10 规定的炮泥堵塞长度要求，同时由于一级掏槽自由面作用，炮泥堵塞长度应能满足要求。炮孔孔口间距及炮孔列间距的增加扩大了掏槽范围，保证了掏槽效果，掏槽孔布置如图 7-12 及图 7-13 所示。针对许疃矿 $-800m$ 回风大巷 $f \approx 5$ 泥岩段一级掏槽炮孔直径 $d_b=32mm$、装药直径 $d_c=27.0mm$，炮孔深度 $L_s=1300mm$，炮孔倾角 $\theta=72°$，炮孔孔底间距 $d=200mm$，炮孔列间距 $a=400mm$，炮孔孔口间距 $S=1050mm$，单孔装药量 $Q=0.32kg$，装药长度 $L_1=460mm$，炮泥堵塞长度 $L_2=860mm$，满足炮泥堵塞长度要求。二级掏槽孔炮孔深度 $L_s=2700mm$，炮孔孔底间距 $d=400mm$，炮孔列间距 $a=500mm$，炮孔倾角 $\theta=80°$，炮孔孔口间距 $S=1360mm$，单位体积耗药量 $q=2.5kg/m^3$，单孔装药量 $Q=0.71kg$，装药长度 $L_1=1000mm$，炮泥堵塞长度 $L_2=1700mm$，满足表 7-12 规定的炮泥堵塞长度要求，同时由于一级掏槽自由面作用，炮泥堵塞长度应能满足要求。炮孔孔口间距及炮孔列间距的增加扩大了掏槽范围，保证了掏槽效果，掏槽孔布置如图 7-14 所示。针对袁店二矿 101 采区运输上山及石门，掏槽孔深度 2500mm，选用一级楔形掏

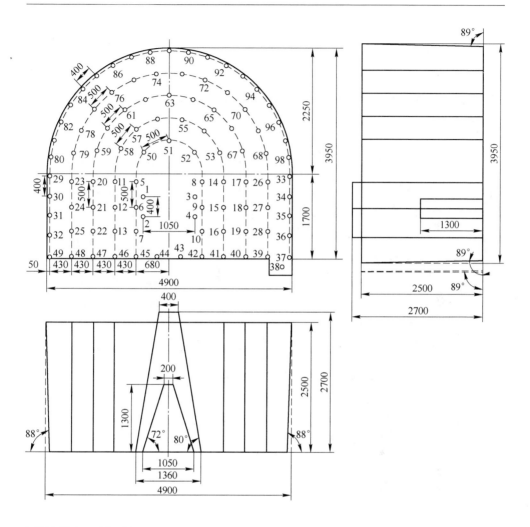

类别		孔号	孔深/mm	角度/(°)		每孔装药量/kg	雷管/发	雷管段号	联线方式	装药长度/mm	封泥长度/mm	起爆顺序
				水平	垂直							
第一次	一阶掏槽孔	1~4	1300	72	90	0.38	4	1	串联	550	770	I
	二阶掏槽孔	5~10	2700	80	90	1.07	6	2		1500	1200	II
	辅助孔	11~16	2500	90	90	1.24	6	3		1740	760	III
	辅助孔	17~28	2500	90	90	1.24	12	4		1740	760	IV
	周边孔	29~36	2500	88	90	0.50	8	5		720	1780	V
	底孔	37~49	2500	90	89	0.74	13	5		1060	1440	V
第二次	辅助孔	50~58	2500	90	90	1.24	9	1	串联	1740	760	I
	辅助孔	59~67	2500	90	90	1.24	9	2		1740	760	II
	辅助孔	68~79	2500	90	90	1.24	12	3		1740	760	III
	周边孔	80~98	2500	89	89	0.50	19	4		720	1780	IV
	合计	98					98					

图 7-12　涡北矿北四采回风下山爆破图

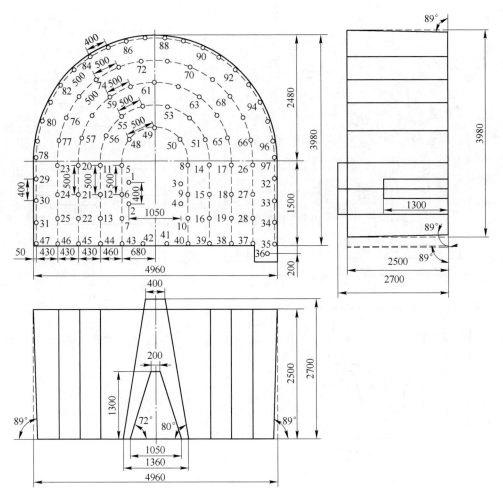

炮孔布置三视图　1:50

类别		孔号	孔深/mm	角度/(°)		每孔装药量/kg	雷管/发	雷管段号	联线方式	装药长度/mm	封泥长度/mm	起爆顺序
				水平	垂直							
第一次	一阶掏槽孔	1~4	1300	72	90	0.38	4	1	串联	550	770	Ⅰ
	二阶掏槽孔	5~10	2700	80	90	1.07	6	2		1500	1200	Ⅱ
	辅助孔	11~16	2500	90	90	1.24	6	3		1740	760	Ⅲ
	辅助孔	17~28	2500	90	90	1.24	12	4		1740	760	Ⅳ
	周边孔	29~34	2500	88	90	0.50	6	5		720	1780	Ⅴ
	底孔	35~47	2500	90	89	1.125	13	5		1613	887	Ⅴ
第二次	辅助孔	48~56	2500	90	90	1.24	9	1	串联	1740	760	Ⅰ
	辅助孔	57~65	2500	90	90	1.24	9	2		1740	760	Ⅱ
	辅助孔	66~77	2500	90	90	1.24	12	3		1740	760	Ⅲ
	周边孔	78~97	2500	89	89	0.50	19	4		720	1780	Ⅳ
	合计	97					97					

图 7-13　许疃矿 3_238 底抽巷爆破图

槽，改变药卷直径 ϕ27mm 为 ϕ35mm 且采用耦合装药，取炮泥堵塞长度 $L_2 = 1600 \sim$ 1700mm，掏槽孔底部间距为 400mm，取掏槽孔为 2 列，以便产生较大掏槽范围，形成较大面积自由面，取列间距 400mm，炮孔倾角 $\theta = 81°$，算掏槽孔孔口间距为 1100.0mm，单孔装药量为 $Q = 1.24$kg。取直径 ϕ35mm 长度 330mm 药卷 3 卷。

7.3.3 合理辅助孔爆破参数

针对许疃矿 $3_2$38 底抽巷、涡北矿北四采区回风下山 $f = 6 \sim 8$ 砂岩段，布置辅助孔 3 排，取炮孔间排距 $a \times b = 500$mm×430mm。考虑辅助孔爆破岩石单位体积耗药量 $q = 2.2$kg/m³，每孔装药量约为 1.24kg，每孔装药长度 1740mm，炮泥堵塞长度 760mm。满足炮泥堵塞长度 $L_2 = 1.2b$ 要求。辅助孔布置如图 7-12 及图 7-13 所示。针对许疃矿-800m 回风大巷 $f \approx 5$ 泥岩段，布置辅助孔 3 排，取炮孔间排距 $a \times b = 600$mm×500mm。考虑辅助孔爆破岩石单位体积耗药量 $q = 1.6$kg/m³，每孔装药量约为 1.20kg，每孔装药长度 1720mm，炮泥堵塞长度 780mm。满足炮泥堵塞长度 $L_2 = 1.2b$ 要求，辅助孔布置如图 7-14 所示。针对袁店二矿 101 采区运输上山及石门，与掏槽孔一致，取辅助孔炮孔直径与装药直径与掏槽孔相同，取炮孔间排距 $a = b = 700$mm，炮泥堵塞长度 $L_2 = 1000$mm，辅助孔单孔装药量 $Q = 1.36$kg/m³，每孔装 ϕ35mm 长度 330mm 药卷 3 卷。

7.3.4 合理周边孔爆破参数

许疃矿 $3_2$38 底抽巷、涡北矿北四采区回风下山 $f = 6 \sim 8$ 砂岩段，取周边孔炮孔装药直径 $d_c = 27.0$mm，炮孔间距 $a = 400.0$mm，光爆层厚度 $w_2 = 430$mm。选取砂岩炮孔线装药量为 200g/m，每孔装药量为 0.500kg，单孔装药长度 720mm，炮泥堵塞长度 1780mm。辅助孔布置如图 7-12 及图 7-13 所示。

许疃矿-800m 回风大巷，炮孔间距 $a = 350$mm，光爆层厚度 $w_2 = 450$mm。选取砂岩炮孔线装药量为 130g/m，每孔装药量 0.33kg，单孔装药长度 0.470m，炮泥堵塞长度 2.030m。辅助孔布置如图 7-14 所示。

针对袁店二矿 101 采区运输上山及石门，为减少装药起爆对炮孔壁损伤范围，获取较好光面效果，取炮孔直径 $d_b = 32$mm，间距 $a = 400$mm，光爆层厚度为 450mm，装药直径 $d_c = 27.0$mm，硬质砂岩炮孔线装药量为 200g/m，单孔装药量为 440g，每孔取直径 ϕ35mm 长度 400mm 药卷 1.5 卷。

7.3.5 底孔装药量

底孔夹制作用大，如图 7-12 、图 7-13、图 7-14、图 7-15 爆破图及说明书所示，应增大装药量。

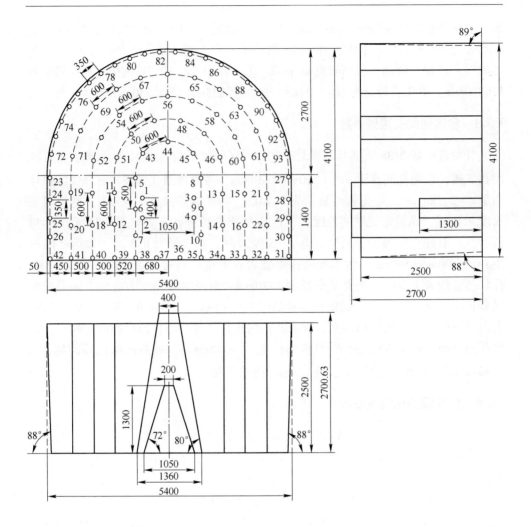

类别		孔号	孔深/mm	角度/(°)		每孔装药量/kg	雷管/发	雷管段号	联线方式	装药长度/mm	封泥长度/mm	起爆顺序
				水平	垂直							
第一次	一阶掏槽孔	1~4	1300	72	90	0.32	4	1	串联	460	860	I
	二阶掏槽孔	5~10	2700	80	90	0.71	6	2		1000	1700	II
	辅助孔	11~14	2500	90	90	1.2	4	3		1720	780	III
	辅助孔	15~22	2500	90	90	1.2	8	4		1720	780	IV
	周边孔	23~30	2500	88	90	0.33	8	5		470	2030	V
	底孔	31~42	2500	90	89	0.67	12	5		960	1540	V
第二次	辅助孔	43~51	2500	90	90	1.2	9	1	串联	1720	780	I
	辅助孔	52~60	2500	90	90	1.2	9	2		1720	780	II
	辅助孔	61~71	2500	90	90	1.2	11	3		1720	780	III
	周边孔	72~93	2500	89	89	0.33	22	4		470	2030	IV
	合计	93					93					

图 7-14　许疃矿-800m 回风巷爆破图

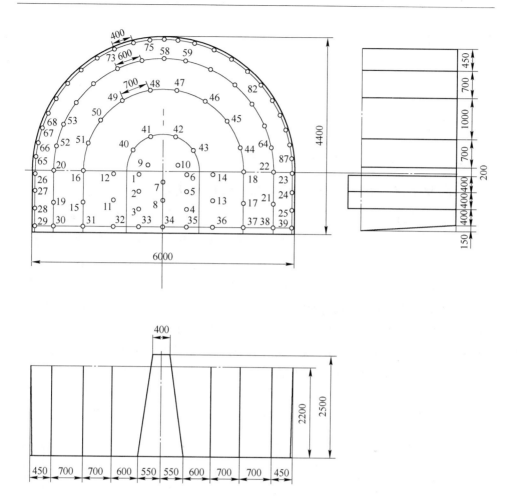

类别		孔号	孔深/m	角度/(°)		每孔装药量/卷	雷管/发	封泥长度/m	联线方式	起爆顺序
				水平	垂直					
第一次	掏槽孔	1~6	2.5	90	81	φ35mm 长330mm 药3.0卷	6	≥0.5	串并联	Ⅰ
	掏槽孔	7~8	2.5	90	90	φ35mm 长330mm 药2.0卷	2	≥0.5		Ⅰ
	辅助孔	9~22	2.2	90	90	φ35mm 长330mm 药2.5卷	14	≥0.5		Ⅱ
	周边孔	23~28	2.2	89	89	φ27mm 长400mm 药1.0卷	6	≥0.5		Ⅲ
	底孔	29~39	2.2	85	90	φ35mm 长330mm 药3.0卷	11	≥0.5		Ⅳ
第二次	辅助孔	40~64	2.2	90	90	φ35mm 长330mm 药2.5卷	25	≥0.5		Ⅰ
	周边孔	65~87	2.2	89	89	φ27mm 长400mm 药1.0卷	23	≥0.5		Ⅱ

图 7-15 袁店二矿 101 采区运输上山及石门爆破图

7.3.6   起爆顺序

三条掘进巷道掘进断面内炮孔数目都接近 100 个，起爆器起爆能力有限，采用分次起爆，起爆顺序如图 7-12、图 7-13、图 7-14 及图 7-15 爆破图所示。

7.3.7   爆破图表

合理爆破图表及说明书如图 7-12、图 7-13、图 7-14 及图 7-15 所示。

7.4   淮北矿区深部岩巷炮掘与综掘联合掘进方法

综掘由于掘进速度快、掘进效率高广泛应用于巷道掘进，但对于硬度较大的岩石，优点并不明显，对于坚硬岩石，掘进速度及效率显著降低甚至无法正常掘进。工程实践表明，岩石普氏系数 $f<6.0$ 时综掘效果明显；当 $f=6.0 \sim 8.0$ 时综掘速度及效率有一定降低；当 $f=8.0 \sim 10.0$ 时综掘效果有明显下降；当 $f>10.0$ 时，由于刀齿无法在巷道断面中形成槽口，几乎无法综掘，必须采用炮掘。$f>10.0$ 的硬岩炮掘时，当巷道断面增大至一定程度，由于炮孔数目较多，受发爆器一次起爆雷管数量的限制，必须分次起爆。不能做到全断面一次起爆。如图 7-16 所示，工程实践中当 $f>10.0$ 的硬岩巷道断面 $S \geqslant 16.0 \mathrm{m}^2$ 时，必须分次起爆，

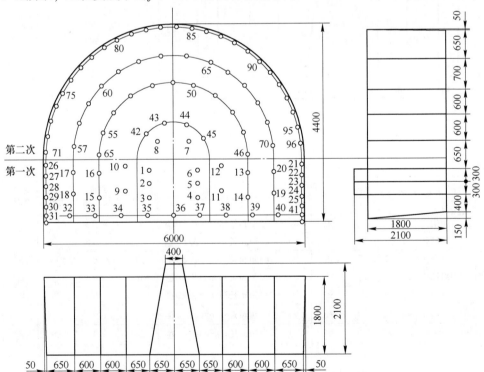

爆破说明书

类别	孔号	孔深/m	角度/(°) 水平	角度/(°) 垂直	每孔装药量/卷	使用雷管/发	联线方式	封泥长度/m	起爆顺序
第一次 掘槽孔	1～6	2.1	90	81	直径φ27mm 长度400mm 水胶炸药3.0卷	6	串并联	0.9	Ⅰ
第一次 辅助孔	7～20	1.8	90	90	直径φ27mm 长度400mm 水胶炸药2.0卷	14		1.0	Ⅱ
第一次 周边孔	21～30	1.8	89	89	直径φ27mm 长度400mm 水胶炸药2.0卷	10		1.0	Ⅲ
第一次 底孔	31～41	1.8	85	90	直径φ27mm 长度400mm 水胶炸药3.0卷	11		0.9	Ⅳ
第二次 辅助孔	42～70	1.8	90	90	直径φ27mm 长度400mm 水胶炸药2.0卷	29		1.0	Ⅰ
第二次 周边孔	71～96	1.8	89	89	直径φ27mm 长度400mm 水胶炸药2.0卷	26		1.0	Ⅱ

说明：装药量要根据围岩变化情况及时做出调整。

图 7-16 大断面硬岩巷道爆破图

否则存在安全隐患，同时掘进效率及速度明显降低；对于有瓦斯的巷道，受微差爆破总延期不容许超过 130.0ms 的限制，微差爆破雷管段数不能超过 5 段，严重影响硬岩炮掘速度及效率。工程实践表明，目前大断面硬岩炮掘月进尺不超过 40.0m，采掘严重失调，已成为制约煤炭高产高效生产的主要因素，大断面硬岩巷道快速掘进成为高产高效矿井必须首先要解决的问题。本节介绍一种将综掘与炮掘结合用于大断面硬岩巷道的掘进方法，首先采用爆破法在巷道断面中部形成一定范围槽腔，然后，采用综掘法扩大槽腔至设计巷道断面，达到安全快速高效掘进的效果。

7.4.1 具体实施方式

大断面硬岩巷道炮掘与综掘联合掘进如图 7-17 所示，爆破法掘进槽腔Ⅰ，采用综掘机装岩机构对炮掘后破碎岩石进行装运，清理出槽腔Ⅰ后，形成较大范围自由空间；沿断面轮廓线推进，切割深度根据硬岩普氏系数不同一般取 150.0～200.0mm，用综掘机将巷道断面修整为设计的巷道断面，避免炮掘对巷道围岩损伤，以达到比光面爆破更好的效果，并节省周边孔及部分辅助孔，显著减少炮掘炮孔数目，做到槽腔炮掘部分全断面一次爆破；同时，槽腔存在可使槽腔外Ⅱ部分综掘速度及效率明显提高。爆破法掘进槽腔Ⅰ的爆破图如图 7-18 所示。

炮孔布置分掘槽孔和辅助孔两部分，掘槽孔分三级掘槽，每级掘槽炮孔逐级加深，倾角逐渐加大，一级掘槽与二级掘槽采用 50.0ms 延期，即一级掘槽选择第Ⅰ段毫秒雷管，二级掘槽选择第Ⅲ段毫秒雷管，三级掘槽选择第Ⅳ段毫秒雷管，根据炮孔深度及岩石硬度，即普氏系数较为量化选择掘槽孔单位体积耗药量，依据单位体积耗药量、每炮孔负担的爆破岩石体积确定掘槽孔单孔装药量，辅助

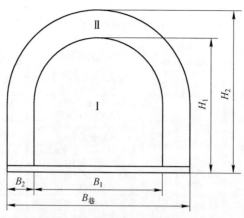

图 7-17 大断面硬岩巷道炮掘与综掘联合掘进示意图

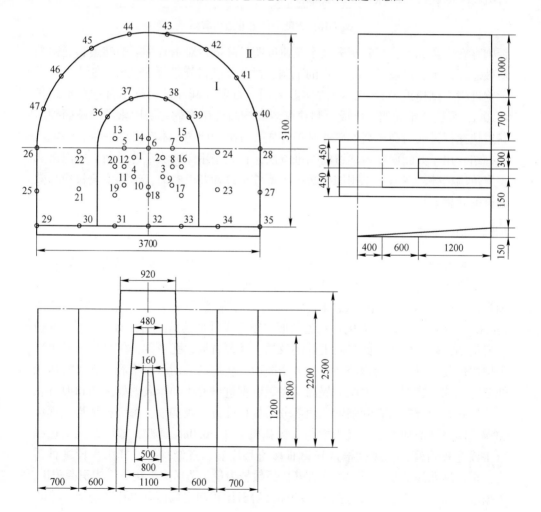

爆破说明书

类别	孔号	孔深/m	角度/(°) 水平	角度/(°) 垂直	每孔装药量/卷	使用雷管/发	封泥长度/m	联线方式	起爆顺序
一级掏槽孔	1～4	1.2	90	82	直径φ35mm长度330mm水胶炸药0.5管	4	1.1	串并联	I
二级掏槽孔	5、7～9、11～12	1.8	90	85	直径φ35mm长度330mm水胶炸药1.1管	8	1.4		III
	6、10	1.8	90	90					
三级掏槽孔	13、15～17、19～20	2.5	90	88	直径φ35mm长度330mm水胶炸药2.6管	8	1.0		IV
	14、18	2.5	90	90					
辅助孔	21～28、36～47	2.2	90	90	直径φ35mm长度330mm水胶炸药2.3管	20	1.3		V
底孔	29～35	2.2	85	90	直径φ35mm长度330mm水胶炸药3.1管	7	1.1		V

图 7-18　爆破法掘进槽腔 I 爆破图

孔选择第 5 段雷管同段起爆，掏槽孔与辅助孔 5 段毫秒延期一次起爆，总延期 100.0ms 左右，不超过 130.0ms。为充分破碎岩石并确保有足够炮泥堵塞长度，改变工程中目前常用的 $\phi32.0mm$ 小直径钻孔与 $\phi27.0mm$ 小直径药卷，选择 $\phi40.0mm$ 直径钻孔与 $\phi35.0mm$ 直径药卷；改变工程中大断面硬岩炮掘常用的炮孔深度 $L_s=1500\sim1800mm$ 的浅孔爆破方式，根据断面大小及正规循环，选择炮孔深度为 $L_s=2200\sim2500mm$ 的中深孔爆破。掏槽孔三级掏槽应用、掏槽孔装药量较为定量估算、大直径炮孔直径及较长炮泥堵塞长度确保掏槽孔爆破岩石飞散不损伤综掘机。

大断面硬岩巷道槽腔炮掘掏槽孔单位体积耗药量计算见表 7-17，掏槽孔装药量是影响掏槽爆破效果以及爆破安全的最显著因素，装药量偏多会使岩石抛掷过远而损坏综掘机，装药量偏少达不到预期掏槽效果而影响掘进循环进尺，本节根据硬岩普氏系数及掏槽孔炮孔深度确定掏槽孔单位体积耗药量。

表 7-17　不同岩石普氏系数掏槽孔单位体积耗药量

掏槽孔种类	掏槽孔深度/m	岩石普氏系数	单位体积耗药量/$kg \cdot m^{-3}$
一级掏槽	1.0	10	6.5
		12	7.2
		14	8.3
	1.2	10	6.7
		12	7.5
		14	8.7
二级掏槽	1.5	10	5.8
		12	6.5
		14	7.5
	1.8	10	6.0
		12	6.7
		14	7.6

掏槽孔种类	掏槽孔深度/m	岩石普氏系数	单位体积耗药量/kg·m⁻³
三级掏槽	2.2	10	5.0
		12	5.3
		14	5.7
	2.5	10	5.2
		12	5.5
		14	6.0

周边孔炮孔间距小，一般仅在 400.0mm 左右，由于周边孔取消，减少了近40.0%的炮孔数目，钻孔工作量及时间明显减少；掏槽孔分 3 段起爆，增加了掏槽孔延期时间，确保了掏槽效果，掏槽孔炮孔利用率可达 90.0%；减少了单次起爆装药量，掏槽爆破崩落岩石飞散不超过 10.0m，保证了综掘机安全；起爆总延期时间不超过 130.0ms，保证了瓦斯巷道施工安全。与全断面分次炮掘比较，循环进尺增加了约 100.0%。尽管综掘工序的应用增加了巷道综掘时间，但同时取消了周边孔钻孔时间及减少了辅助孔钻孔时间，总体来说，巷道掘进速度提高约 100.0%。

7.4.2　工程实例

（1）工程实例 1：安徽两淮矿区袁店二矿 101 采区运输上山及石门。

1）原巷道掘进方法。该巷道是用于煤矿运输的穿层巷道，设计全长 979.0m，底板标高在−532.0~−523.0m 之间，埋深约 530.0m。巷道围岩为硬度 $f \approx 10.0$ 的硬质砂岩，巷道面积 $S \approx 36.0m^2$，由于岩石硬度大，选择爆破法掘进，设计的巷道断面及掘岩爆破图表如图 7-16 所示，炸药选用工程中常用的水胶炸药，设计的炮孔数目为 96 个，发爆器的起爆容量不能做到全断面一次起爆，不得不分 2次起爆，受起爆总时差限制，掏槽孔仅采用同段的一段雷管同时起爆，与邻近起爆的辅助孔起爆延期时差仅相差 25.0ms，掏槽效果较差，掏槽孔炮孔直径及装药直径分别为 $\phi32.0mm$ 及 $\phi27.0mm$，由于炮孔直径及装药直径小，单孔装药量及炮泥堵塞长度明显不够要求，炮孔深度 2.1m 的掏槽孔仅有 0.9m 炮泥堵塞长度，掏槽不能有效形成，辅助孔就不能有效对岩石破碎，又由于辅助孔单孔装药量和炮泥堵塞长度也偏小，辅助孔不能有效使掏槽延伸和扩展，起不到应有的作用，一般循环进尺仅 1.2m 左右，炸药能量不能使岩石有效破碎而用于岩石抛掷。月进尺 40.0m 左右，掘进速度及效率较低，岩石抛掷过远也存在安全隐患。

2）综掘与炮掘联合快速掘进方法。

针对原爆破掘进存在的问题，采用本节介绍的综掘与炮掘联合快速掘进方法。如图 7-17 所示，采用爆破法掘进槽腔 Ⅰ，综掘法掘进岩体 Ⅱ，由于巷道断面较大，为满足正规循环，取循环进尺为 2.0m 左右。如图 7-18 所示的爆破图，炸药仍选择水胶炸药，分三级掏槽，掏槽炮孔直径及装药直径分别为 $\phi40.0mm$ 及 $\phi35.0mm$，掏槽深度分别为 1200mm、1800mm、2500mm；掏槽倾角分别为 82°、85°、88°；据表 7-17 较为定量确定每级掏槽单孔装药量分别为 0.2kg、0.44kg、1.04kg；每级掏槽炮泥堵塞长度分别为 1100mm、1400m、1000mm；辅助孔炮孔直径及装药直径也分别为 $\phi40.0mm$ 及 $\phi35.0mm$，由于掏槽爆破较好达到预期效果，掏槽形成之后辅助孔起爆，破岩条件较好，选择如图 7-18 所示的辅助孔爆破参数能较好崩落岩石达到安全高效的目的。掏槽孔选择第 Ⅰ 段、第 Ⅲ 段、第 Ⅳ 段雷管分三次延期起爆，且一级掏槽与二级掏槽延时 50.0ms，起爆时差合理，掏槽效果好；辅助孔选择 Ⅴ 段同时起爆，总炮孔分 5 段同时一次延期起爆，总延时不超过 130.0ms。全断面爆破掘进时，为达到周边轮廓光滑平整效果，周边孔采用光面爆破参数设计，炮孔间距较小，炮孔数目多，底孔夹制作用大，也采用了小炮孔间距的布孔方式；选择综掘与炮掘联合掘进方式，取消周边孔，减少部分辅助孔，炮孔数目减少 49 个，每循环减少钻孔及装药时间约 6.0h，每循环综掘时间增加约 4.0h，总掘进工艺时间缩短。最为关键的是循环进尺显著提高，每循环进尺可达 2.0m 左右，每天 1.5 个正规循环，以每月 25 天计，月进尺可达 80.0m，掘进速度及效率明显提高。

（2）工程实例 2：涡北矿北四采区回风下山砂岩段及许疃矿 -800m 回风大巷泥岩段。

以涡北矿北四采区回风下山砂岩段掘进及许疃矿 -800m 回风大巷泥岩段掘进为例，巷道断面积分别为 17.8m²、19.0m²，需将全断面分两次起爆，由于增加了一次辅助工序，掘进效率不高。现改用爆破法掘进和综掘机联合掘进，如图 7-17 所示，巷道宽度为 $B_巷$，先用爆破法掘进断面中间部位宽度 B_1 的槽腔 Ⅰ，再用综掘机掘进断面 Ⅱ 扩展槽腔至整个巷道。为提高掘进速度和效率，断面 Ⅱ 宽度 B_2 应尽量取小值，但应保证槽腔 Ⅰ 的爆破对巷道周边围岩不产生明显损伤，涡北矿北四采区回风下山砂岩段联合掘进时可取 $B_2 = 150mm$，许疃矿 -800m 回风大巷泥岩段联合掘进时可取 $B_2 = 200mm$。对于涡北矿北四采区回风下山砂岩，尽管增加了综掘机掘岩工序，但掘进面积较小，约为 1.37m²，仅占巷道总断面 7.7%，仅需要 30min 左右；由于取消了周边孔，减少了炮孔数目 29 个，节约钻孔及装药时间约 80min，同时由于减少了 1 次放炮，节约时间约 60min；综合考虑，每循环节约时间约 110min，显著提高了掘进效率，同时槽腔 Ⅰ 的爆破掘进减弱了断面 Ⅱ 砂岩强度，有利于综掘机对硬岩切割。爆破法掘进槽腔 Ⅰ 的爆破图表如图 7-19 所示。

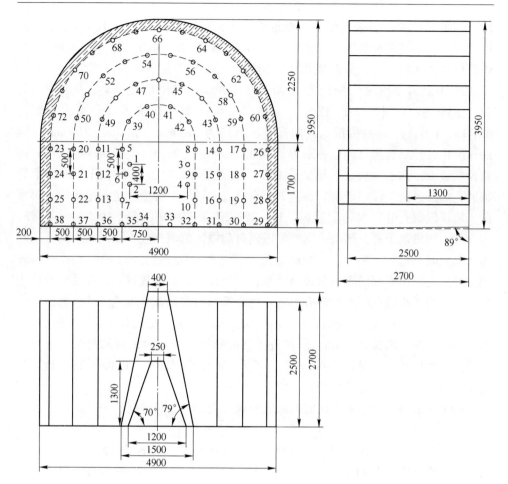

类别		孔号	孔深/mm	角度/(°)		每孔装药量/kg	雷管/发	雷管段号	联线方式	装药长度/mm	封泥长度/mm	起爆顺序
				水平	垂直							
第一次	一阶掏槽孔	1~4	1300	70	90	0.38	4	1	串联	550	770	Ⅰ
	二阶掏槽孔	5~10	2700	79	90	1.17	6	2		1640	1060	Ⅱ
	辅助孔	11~16	2500	90	90	1.32	6	3		1900	600	Ⅲ
	辅助孔	17~28	2500	90	90	1.32	12	4		1900	600	Ⅳ
	底孔	29~38	2500	90	89	0.86	10	5		1230	1270	Ⅴ
第二次	辅助孔	39~49	2500	90	90	1.32	11	1	串联	1900	600	Ⅰ
	辅助孔	50~59	2500	90	90	1.32	10	2		1900	600	Ⅱ
	辅助孔	60~72	2500	90	90	1.32	13	3		1900	600	Ⅲ
	合计	72					72					

图 7-19　涡北矿北四采区回风下山砂岩段槽腔Ⅰ的爆破图

对于许疃矿-800m 回风大巷段联合掘进，尽管增加了综掘机掘岩工序，但掘进面积较小，约为 1.9m²，仅占巷道总断面 10%，仅需要 15min 左右；由于取消了周边孔，减少了炮孔数目 32 个，节约钻孔及装药时间约 60min，同时由于减少了1次放炮，节约时间约60min；综合考虑，每循环节约时间约60min，显著提高了掘进效率，同时巷道周边采用综掘机掘岩减少了周边孔爆破对围岩的损伤，爆破法掘进槽腔Ⅰ的爆破图表如图7-20所示。

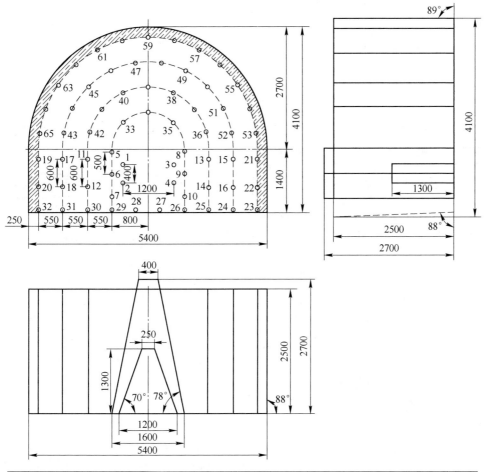

类别		孔号	孔深/mm	角度/(°)		每孔装药量/kg	雷管/发	雷管段号	联线方式	装药长度/mm	封泥长度/mm	起爆顺序
				水平	垂直							
第一次	一阶掏槽孔	1~4	1300	70	90	0.32	4	1	串联	460	860	Ⅰ
	二阶掏槽孔	5~10	2700	78	90	0.82	6	2		1155	1545	Ⅱ
	辅助孔	11~14	2500	90	90	1.21	4	3		1725	775	Ⅲ
	辅助孔	15~22	2500	90	90	1.21	8	4		1725	775	Ⅳ
	底孔	23~32	2500	90	89	0.67	10	5		960	1540	Ⅴ
第二次	辅助孔	33~42	2500	90	90	1.21	10	1	串联	1725	775	Ⅰ
	辅助孔	43~52	2500	90	90	1.21	10	2		1725	775	Ⅱ
	辅助孔	53~65	2500	90	90	1.21	13	3		1725	775	Ⅲ
	合计	65					65					

图7-20 许疃矿-800m回风巷段槽腔Ⅰ的爆破图

7.5　淮北矿业集团许疃矿 83 下采区运输下山掘进深孔预裂爆破试验

对于岩石普氏系数 $f > 8.0$ 的硬岩，采用综掘机掘岩一般效率较低，可以采用深孔松动爆破方法将岩石强度减弱，再采用综掘机掘岩，可以明显提高综掘机掘岩速度。本节针对淮北矿业集团许疃矿 83 下采区运输下山掘进具体工程实际，介绍进深孔预裂爆破试验方案设计及安全技术措施。

7.5.1　工程概况

许疃矿 83 下采区运输下山长度 1213m（目前余 730m），坡度：10.5°，断面净尺寸（喷厚 150mm）：宽×高 = 5m×4.1m；岩性：砂岩，硬度 $f = 8 \sim 10$。

7.5.2　深孔松动爆破机理

深孔松动爆破技术是根据工程实际需求，钻凿大直径深炮孔，利用炸药爆炸的"动"、"静"作用使炮孔周围岩石破裂破碎而不产生抛掷的控制爆破。

7.5.2.1　炸药爆破破岩过程

在半无限介质中，炸药在炮孔内爆炸后，产生强冲击波和大量高温高压爆生气体。由于爆炸压力远远超过介质的动抗压强度，使得炮孔周围一定范围内的介质被强烈压缩、粉碎，形成压缩粉碎区；在该区内有相当一部分爆破能量消耗在对介质的过度破碎上，然后冲击波透射到介质内部，以应力波形式向岩体内部传播。在应力波作用下，介质质点产生径向位移，在靠近压缩区的介质中产生径向压缩和切向拉伸。当切向拉伸应力超过介质的动抗拉强度时会产生径向裂隙，并随应力波的传播而扩展。当应力波衰减到低于介质抗拉强度时，裂隙便停止扩展。在应力波向前传播的同时，爆生气体紧随其后迅速膨胀，进入由应力波产生的径向裂隙中；由于气体的尖劈作用，裂隙继续扩展。随着裂隙的不断扩展，爆生气体膨胀，气体压力迅速降低；当压力降到一定程度时，积蓄在介质中的弹性能就会释放出来，形成卸载波，并向炮孔中心方向传播，使介质内部产生环向裂隙（通常环向裂隙较少）。径向裂隙和环向裂隙互相交叉而形成的区域称为裂隙区。当应力波进一步向前传播时，已经衰减到不足以使介质产生破坏，而只能使介质质点产生振动，以地震波的形式传播，直至消失。

应力波过后，爆生气体产生准静态应力场，并楔入空腔壁上已张开的裂隙中，在裂隙尖端产生应力集中，使裂隙进一步扩展。在裂隙扩展过程中，爆生气体首先进入张开宽度大、较平直、对气体楔入阻力小的大裂隙中，然后再进入与之沟通的小裂隙中，直到其压力降到不足以使裂隙继续扩展为止。爆生气体在岩体内产生的准静态应力随距炮孔中心距离的增加而衰减，因而在岩体内存在爆生气体应力梯度。在爆生气体压力驱动下，裂隙始终朝着压力（或应力）低的方向扩展，即向着远离炮孔的方向扩展。

7.5.2.2 松动爆破裂隙半径计算

本次研究拟对岩层实施大直径深孔松动爆破，根据爆轰理论和应力波理论，松动爆破裂隙扩展半径一般按式（7-59）计算：

$$r_t = r_b \left(\frac{\nu p_r}{(1 - \nu) S_t} \right)^{1/\alpha} \qquad (7\text{-}59)$$

式中　r_t ——裂隙扩展半径；

　　　ν ——泊松比，取 0.27；

　　　α ——应力波衰减值，$\alpha = 2 - \nu/(1 - \nu) = 1.63$；

　　　S_t ——岩体抗拉强度，取 2.8MPa；

　　　p_r ——应力波初始径向应力峰值，$p_r = \frac{1}{8} \rho_0 D^2 \left(\frac{r_c}{r_b} \right)^6 n$；

　　　D ——炸药爆速，取 3500m/s；

　　　ρ_0 ——炸药密度，取 1100kg/m³；

　　　r_b ——炮孔半径，炮孔直径设计为 ϕ75mm，$r_b = 0.075/2 = 0.0375$m；

　　　n ——压力增大系数，8~11；取 8 代入各值，计算得松动裂隙半径 $r_t = 0.8$m。

　　　r_c ——药卷半径，现场拟采用特制药卷，直径 ϕ63mm，壁厚 2mm，实际装药直径 61mm，$r_c = 0.061/2 = 0.0305$m。

7.5.3 爆破试验方案设计

为对巷道工作面岩石进行松动爆破，深孔松动爆破设计主要包括选择爆破器材，确定炮孔深度、炮孔直径、钻孔方向、炮孔数目、炮孔布置、装药参数等。

（1）钻孔机具和爆破材料。采用高性能大功率钻机实施深孔松动爆破的钻孔工作；炸药采用三级煤矿许用水胶炸药；1~5 段毫秒延期电雷管。

（2）炮孔直径和药卷直径。炮孔直径 ϕ75mm，装外径 ϕ63mm（内径 ϕ61mm）的特制药卷。

（3）炮孔深度和钻孔倾角。全断面共布置 3 个孔，钻孔深度 50m，装药 44m，封孔 6m。3 个孔均平行巷道轴线方向钻进。

为避免炮孔方向偏斜进入巷帮、造成超挖，要严格控制钻孔深度和倾角

（4）炮孔布置。根据巷道断面和爆破后炮孔周围裂隙圈理论计算结果，炮

孔布置成三角形。炮孔间距：1600mm；炮孔排距：1380mm。具体布置如图 7-21 所示。

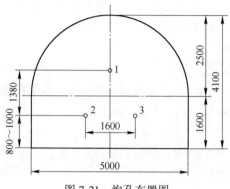

图 7-21　炮孔布置图

（5）装药参数。由于所有装药一次起爆能量太大，为减小爆破对围岩的造成的损伤和地震效应，炮孔分别用 1、3、5 段雷管引爆。为防止冲孔，封孔长度应不小于 6m。见表 7-18。

表 7-18　装药参数

编号	炮孔直径 /mm	炮孔深度 /m	装药直径 /mm	装药长度 /m	堵塞长度 /m	雷管段别
1 号	75	50	63	44	6	1
2 号	75	50	63	44	6	3
3 号	75	50	63	44	6	5

（6）炮孔装药和起爆网路。采用特制药柱，连续正向装药，风动封孔机封堵孔口，黄泥作为封堵材料，封堵长度 6.0m。

每个炮孔单个起爆药柱，每个起爆药柱装两发同段雷管，分别用胶质导线引出孔外，孔外采用并联电起爆网路，接头处使用防水胶布处理，确保可靠起爆。

（7）装药施工工艺：

1）探孔。为保证装药顺畅，当钻机起钻后，用压风将孔内残碴吹清；并用专用探孔管对炮孔进行探孔，记录钻孔深度。

2）装药。根据探孔深度，确定装药长度，装药长度视炮孔深度根据表 7-18 进行调整。

3）封孔方式。装药完毕，采用黄泥、用封孔器封孔。对炮孔深度中除装药长度以外的长度以黄泥作为封堵炮泥材料，用风动封孔机封堵至孔口，然后再进行所有孔一次分段起爆。装药结构示意图如图 7-22 所示。

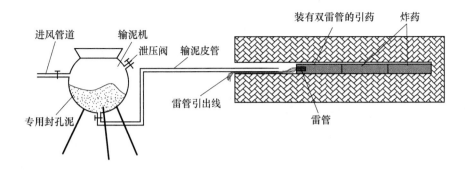

图 7-22 正向装药结构示意图

若第一种用黄泥封孔的方式不能封住时，可采用速凝水泥封孔，即与第一种方式一样，在装药完毕，采用圣特产速凝水泥。

7.5.4 爆破施工辅助设备与材料

爆破施工准备的材料见表 7-19。

表 7-19 爆破施工准备的材料

序号	名称	规格	数量	备注
1	药柱	$\phi63mm\times1m\times3.3kg$	500kg	
2	雷管	1、3、5 段	12	每孔两发
3	母线		200m	
4	黄泥		20 袋	用于封孔
5	防水胶带		10 卷	
1	探孔管	$\phi50mm\times2m$	50 根	探孔深
2	探孔头	$\phi63mm\times30m$	2 个	探孔深
3	封孔器		1 台	封孔用

7.5.5 操作注意事项

（1）打钻。现场技术员准确确定钻孔的位置，确保钻孔直、齐、平。孔打好后，为保证炸药能顺利装入炮孔内，要求孔内粉渣必须完全排出；稳钻及打钻过程中，现场必须配有相关技术人员，以保证钻孔符合设计要求，绝对避免出现下山孔及孔内出现台阶，致使无法装药。当钻杆拨后，用探孔管探孔验证孔深，以确定装药的长度。

（2）装药方式。药柱一端装入一根 600mm 长的索状传爆材料，以保证可靠传爆。每个炮孔装药用两发电雷管分别用放炮母线引出孔外。装药采用正向装药方式。炮头的加工是将雷管脚线剪掉只留 15cm 长接胶质线，其接头用绝缘胶布裹紧，防止断路和短路。雷管脚线和胶质线接头处与雷管脚线处要用防水胶带进行防水处理，且在炮头药柱底壳内外都用黄泥填实进行防水。同时尤其要注意母线附于管壁侧面，并用雷管做炮头时的剩余脚线固定，以防管与孔壁的摩擦使雷管脚线与母线脱落，导致雷管断路和短路。要求装药前要对雷管进行导通检查，其导通电阻符合要求，方可将雷管装入药柱头内，封孔后也要对雷管进行导通检查。

（3）装药。用阻燃性专用塑料质探管推动药卷装入炮孔，装药前，先用探管探试炮孔，然后再装药，每次装药药柱不得多于 3 卷。装药一定要到底，要保证连续装药，不得有夹矸，以防拒爆。

（4）封孔。装药完毕，随即采用专用黄泥封孔器或水泥封孔，封堵一定要紧，防止穿孔。

（5）封孔器封孔安全使用方法及注意事项：

检查封孔器是否漏气，封孔管是否堵塞；将粒度不大于6mm 的黄泥用喷雾水造湿，其颜色变为棕色为宜，黏度为用手能捏成团而不易散为宜。封孔的具体步骤：关闭封孔器出口阀、泄气阀和进气阀；将黄泥从封孔器上端进料口装入，装入量为封孔器容积的 1/3 左右；将封孔管塞入炮孔中，并将雷管的脚线用手抓住，防止黄泥将脚线冲入炮孔中；用手将进料口阀门关闭后，开启进气阀，往封孔器内送气，此时，封孔器内的气压将会把封孔器内的进料阀门自动关实；当进气时间约半分钟，封孔器内的压力达到4MPa 时，通知封孔管操作人员，往炮孔中送黄泥；当黄泥封满后，立即关闭出口阀，再封下一个炮孔，如此循环。当封孔器的黄泥全部用完后，再装黄泥。如果在封孔过程中，出现雷管脚线冲入炮孔中的情况，应当及时用高压水清洗干净，将雷管脚线勾出。封孔时，封孔操作人员须佩戴防护镜和手套，防止黄泥吹出伤人。

7.5.6　安全技术措施

应制定专门的深孔预裂松动爆破安全技术措施，并报相关部门审批。

（1）成立以主管领导任总指挥的领导小组，负责指挥领导该巷道深孔预裂爆破的现场实施，按照《煤矿安全规程》对深孔爆破作业的有关条款的规定执行，同时还应包括放炮、撤人、警戒、回风系统停电撤人等有关安全技术措施。深孔控制爆破工程实施前，要对措施进行认真审批和贯彻，落实到位。

（2）除了领导和现场指挥人员、技术人员外，要求配专职放炮工 2 人，装药和封孔工 6~8 人。

（3）放炮点应在与其相邻的巷道内或在本巷道的躲避硐内，放炮警戒设置在距爆破地点相邻巷道内不小于300m、直巷不小于500m。放炮母线采用铜芯绝缘线，不得有破损和明接头。放炮母线必须相互扭紧并悬挂，不得与轨道、金属管、钢丝绳、刮板输送机等导电体接触。放炮母线与电缆、电线、信号线应分别挂在巷道的两侧。如果必须挂在同一侧，放炮母线必须挂在电缆的下方，并应保持0.3m以上的悬挂距离。母线敷设必须严格执行《煤矿安全规程》第308条的有关规定。

（4）放炮30min后，由救护队员去爆破区域进行探察，应根据检查结果确定采取恢复送电、通风等具体措施。确定无险情后方可进行正常生产施工。

（5）装药人员和放炮人员必须经过深孔松动控制爆破操作技术培训，培训合格后方可上岗操作。

（6）炸药和雷管的储存、发放、运输要严格执行《煤矿安全规程》的有关规定，并执行好本矿有关规定。炸药的使用要符合爆破规程的规定，同时，炸药和雷管的运输工作应注意以下几个方面：

1）爆破材料必须由专业人员护送。

2）爆破材料存放在井下炸药库，由专职放炮员领取。

3）加强现场炸药管理。装药前，爆破材料都应存放在指定位置，专人看管，起爆材料存放在加锁的木箱内。

4）放炮前，须将炸药专车及存放剩余爆破材料的木箱转移至警戒线外的安全地点，由专人看管，放炮后送回炸药库。

（7）爆破采用三级煤矿许用水胶炸药，孔内敷设煤矿安全导爆索，双炮头正向起爆，严禁使用过期变质的炸药和导爆索。

（8）施工时必须做好准备工作：

1）钻孔前，综掘机后退至安全位置，至掘进工作面距离不得小于20m。

2）爆破孔前后10m范围内的巷道支护应检查加固。

3）爆破前，对综掘机及附近的其他设备、电缆等进行严密的防护，可利用大板、旧皮带、竹笆等包扎、遮挡。

（9）严格执行"一炮三检制"和"三人连锁放炮制"。施工现场必须有专职瓦斯检查员持证上岗。

（10）装药前、装药过程中和放炮前，专职瓦斯检查员必须对放炮地点及回风流中瓦斯进行检查，超限时（≥0.8%）不得进行作业。

（11）装药前要用压风排净孔内残渣和水。

（12）采用可连接塑料筒装药柱进行装药。装药时，无关人员撤离现场。

（13）装药前首先将导爆索穿过塑料被筒，然后将塑料被筒一节一节连接并送到爆破孔孔底。

（14）炮头及连线等工作，由班组长、放炮员、或专业技术人员现场操作。

（15）放炮前，必须将爆破地点前后 20m 范围内进行洒水灭尘。

（16）放炮前，必须在可能进入爆破地点的所有通路上设置警戒或栅栏。警戒人员必须在有掩护的安全地点进行警戒，警戒线处应设置警戒牌或拉绳等标志。

（17）严格执行《煤矿安全规程》第 300 条规定。炮头由放炮员亲自制作，制作前放炮员要对雷管进行导通测试，然后将雷管脚线扭接短路。制作炮头时，电雷管必须捆绑在安全导爆索上，全部插入被筒的炸药。电雷管插入被筒炸药后，将脚线缠绕固定在被筒上；然后用铜芯绝缘线加长脚线，并连接可靠，接头用胶布绝缘，并将铜芯绝缘线在炮头上打结固定。每个雷管上加长用的铜芯线须采用不同的颜色，以免出现误接现象。加长的脚线末端要悬空，远离导体，并扭结短路。制作炮头的地点要距炸药、导爆索 10m 以外。

（18）炮头被筒连接好后，使用专用炮棍慢慢送入孔内，不得冲撞、捣实，炮头装入后进行压风喷泥封孔。

（19）封孔采用压风装泥机器与抗静电阻燃橡胶管进行压风喷泥封孔。封孔材料为略潮的黄土。压风不足时（<0.35MPa），不得封孔，以保证封孔密实，封孔长度不得小于 6m。

（20）爆破孔内的每个雷管单独接入母线，接头处必须悬空，不得同任何物体接触。放炮母线和连接线必须符合《煤矿安全规定》第 308 条的有关规定。

（21）放炮前，放炮母线必须扭接成短路。

（22）放炮母线连接脚线、检查线路和通电起爆工作，只准放炮员一人操作。

（23）放炮钥匙必须由放炮员随身携带。不到放炮通电时，不得将放炮器钥匙插入放炮器内。

（24）连接好放炮母线后，应检查线路连接情况，确认无误后方可起爆。放炮员必须最后离开放炮地点，并必须在警戒线外的安全地点进行放炮。

（25）放炮前，应由班组长清点人数，确认无误后再下达放炮命令，放炮员接到放炮命令后，必须先发出放炮警号，至少等 5s，方可放炮。

（26）放炮后，至少等 30min，待炮烟吹净后，由放炮员、瓦斯检查员和班组长进入现场检查，认真检查爆破情况。

（27）通电以后爆破孔万一不能起爆时，放炮员必须先取下放炮器钥匙，并将放炮母线从电源上摘下，扭接成短路，至少再等 30min 后方可沿线路检查。

（28）若出现拒爆事故时，由爆破工严格检查放炮母线及脚线的连接情况，若是由于连线不良造成的拒爆事故，可重新连线再次进行起爆。若为非连线原因造成的拒爆事故，由有关人员采取专门措施进行处理。拒爆事故处理期间，严禁其他人员进入警戒区域，严禁恢复爆破地点电器设备的电源。

（29）拒爆处理结束后，经现场指挥人员和有关人员共同鉴定，确认爆破成功，向调度所汇报后，方可撤除警戒，恢复送电。

（30）处理拒爆的安全措施：

当出现拒爆时，不得解除放炮警戒及其范围，由安徽理工大学科研人员负责进行处理。

第一步，将放炮母线短接；

第二步，可以先用高压水将封孔黄泥冲出，如果无法用水冲出，用长炮棍边铲边冲，直至冲完黄泥为止；

第三步，用两条母线各两发雷管制作起爆药包，并注意防潮和防水，再将该药包装入炮孔，并与未爆药管对接，最后再用封孔器进行封孔；

第四步，确认警戒无误后，按矿方有关要求接放炮线，重新起爆。

（31）其他按原巷道施工措施执行。

7.6 淮北矿区大坡度岩巷综掘机研发与应用

为了补齐大坡度岩巷快速掘进短板，淮北矿业集团公司联合上海创力公司设备厂家，研发了适用于淮北矿区的大坡度岩巷综掘机；并选择袁店二矿 7227 风巷外段作为首台大坡度岩巷综掘机应用试验点，进行试用。通过实践摸索，初步形成了一套大坡度上山岩巷综掘快速施工管理模式，可为类似矿井大坡度岩巷快速掘进短板问题的解决提供借鉴。淮北矿业集团公司提出 2017 年是"四化三减"（机械化、自动化、信息化、智能化；减矿井、减采区、减人员）攻坚年，制定下发了《2017 年煤炭主业升级"四化三减"实施意见》，明确将煤顶下、大坡度、硬岩掘进列为煤矿掘进难点，是制约单进和效率的"3 个短板"。淮北矿业集团公司联合设备厂家，对大坡度岩巷综掘机进行研发，并选点试用。

7.6.1 大坡度综掘机研制经过

要解决煤矿大坡度巷道掘进的短板问题，必须要选择合适的综掘机机型。

2015 年，淮北矿业集团公司和三一重工有限公司合作，研制大坡度煤巷和煤-岩巷综掘机 EBZ200；同年 10 月，在许疃矿 1045 风巷进行组装调试，11 月正式投入使用。该机 4 个月使用过程中，平均坡度 15°，局部巷道最大坡度达 25°。实践证明，该机适合在淮北矿区大坡度煤巷和煤-岩巷快速掘进中使用。

EBZ200 型大坡度综掘机主要特点如下：

（1）机身矮、结构紧凑、可靠性高、适用于大坡度巷道掘进；

（2）双联泵及液压马达流量大，提高了工作效率；

（3）采用德国力士乐行走减速机，扭矩大、性能可靠、爬坡能力强；

（4）操作系统为手持式遥控操作，操作方便、节省人员；

（5）截割电机为插式连接，减小了截割时对电机的冲击力。

2016 年底，淮北矿业集团公司和上海创力公司建立设备战略合作伙伴关系，委托该公司研制大坡度岩巷综掘机。

7.6.2　大坡度岩巷综掘机改进

7.6.2.1　入井前改进

EBZ260B 型大坡度岩巷综掘机研制成功后，于 2017 年 1 月 16 日运抵袁店二矿；集团公司于 1 月 26 日完成第 1 次验收，2 月 22 日完成第 2 次验收，3 月 7 日完成第 3 次验收，验收结论：（1）综掘机司机左侧和助力油缸安全距离太小，没有防护，安全隐患较大。（2）铲板星轮转速较慢，技术要求为 33r/min，但实际为 21r/min；同时运转时，星轮转速更慢，不能满足生产要求。（3）前探支护操作与综掘机星轮没有机械闭锁，开启前探支护时，星轮正常运转，存在较大安全隐患；前探支护左右伸缩油缸不能同步工作，易造成支护梁变形。（4）综掘机自身防飞矸装置过于简单，不能起到防护作用。（5）除尘风机技术要求为 0°～15°角，但施工巷道倾角为 18°，不能满足现场施工要求。（6）除尘风机体积较大，所施工的巷道不能满足要求。（7）原厂配套的平顶前探支护，应由平顶整架空顶移架方式改为拱顶迈步式移架方式。

设备生产厂家上海创力公司针对验收中发现的问题，作了相应改进。

7.6.2.2　使用中的不足及改进

（1）使用过程中，行走马达油嘴座接头退综掘机时，被矸石抵断，给行走马达油嘴加护板。

（2）综掘机行走时，存在脉冲现象，经厂家现场鉴定，是主油泵问题。为此，厂家及时调拨了 1 台新油泵，给予解决。截割炮头升降、回转速度较慢。

（3）行走与截割同时进行时，压力严重不足，不仅不能行走，而且也不能截割。

（4）行走助力不起作用，已拆除、升井、改进。

7.6.2.3　大胆尝试，创新改造

工程处作为施工单位，主动联系集团公司、矿上及厂家三方，联合推进技术攻关，共同选定袁店二矿 7227 风巷外段作为集团公司首台大坡度岩巷综掘机应用试验点。

EBZ260B 型大坡度岩巷综掘机相比普通岩巷综掘机，其性能特点主要有：

（1）截割头适应硬岩截割要求，降低了磨损率；

（2）铲板加大了马达排量，提升了装载能力；

（3）一运链板机加大了马达排量，提升了运输能力；

（4）行走驱动优化设计，提升了整机行走驱动力；

（5）行走履带板加宽，加高筋履带板与普通履带板间隔布置，提高了履带对地附着力；

（6）增加辅助牵引装置，提高了爬坡能力；

（7）在操作台司机前增加挡煤板，有效保护司机安全；

（8）张紧轮采用齿形轮设计，减少了履带跑偏现象；

（9）液压系统整体提升，尤其是在多动作同时工作时，整机驱动能力提升；

（10）采用液压手动先导和全遥控两种操作方式；

（11）增加油温、油位检测报警功能和倒车语音、声光警示功能；

（12）机载前探支护与综掘机液压系统实现互锁，液压先导与遥控实现互锁；

（13）倒车语音声光报警改为倒车自动报警；

（14）液压马达增加可靠防护罩，保护液压马达接头和管路；

（15）辅助牵引装置牵引油缸增加保护装置。

首台大坡度岩巷综掘机设计较为合理、结构较为紧凑，所有设备采用大功率液压马达驱动，爬坡能力能够满足现有施工巷道要求，适合淮北矿区大坡度巷道快速掘进需要。但是在以下方面还需要作进一步改进：一是随着液压比、扭矩加大，行走部履带和轴销强度不够，易造成轴销弯曲，无法调节履带长度，建议增加履带和轴销材质强度；二是综掘机截割电机上只有 1 挡截割速度，建议厂家设计快速、慢速 2 挡截割挡位，以适应软、硬岩对截割速度的不同要求；三是设备行走助力不起作用，已拆除、升井，建议厂家加强研究，重新设计行走助力，科学匹配履带链宽度、履带链齿深度、行走马达功率，乃至改 2 轮驱动为 4 轮驱动，解决更大坡度爬坡问题。

8 深部岩巷快速掘进合理施工组织

根据许疃矿 $3_2 38$ 底抽巷、许疃矿−800m 回风大巷、袁店二矿 101 采区运输上山及石门以及涡北矿北四采区回风下山巷道围岩岩性为泥岩及砂岩时巷道支护及掘进等主要工序应选择的合理工艺，本章主要分析围岩岩性为泥岩及砂岩时应采用的合理施工组织作业方式，以提高深部岩巷掘进速度。

8.1 围岩岩性为泥岩时的合理施工工艺及循环作业图表

巷道围岩岩性为泥岩时，一般采用综掘机掘岩，原巷道支护形式及参数应进行调整，在保证巷道围岩稳定的前提下，降低支护成本，提高掘进速度。具体做法是：锚索长度由 $l = 6300mm$ 减少到 $l = 5000mm$。将锚杆分二次支护，第一次支护选择直径 $\phi 20mm$、长度 $L = 2400mm$ 的高强锚杆，间排距为 $800mm \times 800mm$；滞后巷道掘进工作面 100.0m 后在每排相邻锚杆中间补打 1 根锚杆，锚杆为直径 $\phi 20mm$、长度 $L = 3000mm$ 型高强锚杆；锚索也滞后掘进工作面 100.0m 施工。由于支护工艺改变，缩短了巷道掘进过程中关键支护工序作业时间，循环进尺增

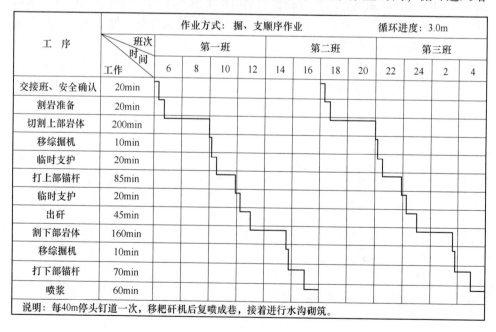

工序	班次时间工作	作业方式：掘、支顺序作业								循环进度：3.0m		
		第一班				第二班				第三班		
		6	8	10	12	14	16	18	20	22	24	2	4
交接班、安全确认	20min												
割岩准备	20min												
切割上部岩体	200min												
移综掘机	10min												
临时支护	20min												
打上部锚杆	85min												
临时支护	20min												
出矸	45min												
割下部岩体	160min												
移综掘机	10min												
打下部锚杆	70min												
喷浆	60min												

说明：每40m停头钉道一次，移耙矸机后复喷成巷，接着进行水沟砌筑。

图 8-1　调整后泥岩综掘循环作业图

加。调整后的循环作业图如图8-1所示，由于关键工序锚杆支护时间缩短，同时减少了初次喷浆厚度，综合掘进循环进尺由2400mm增加至3000mm，掘进速度增加明显。

8.2 围岩岩性为砂岩时的合理施工工艺及循环作业图表

8.2.1 围岩岩性为砂岩地段巷道的合理支护工艺

围岩岩性为砂岩地段，原巷道锚索支护可以取消，锚杆长度可由$L=2400$mm减少到$L=2000$mm。锚杆间排距可由800mm×800mm增大至1000mm×1000mm，由于关键支护工序锚杆支护时间减少，增加了爆破法掘岩的循环进尺。

8.2.2 围岩岩性为砂岩地段巷道的合理掘岩工艺

原爆破掘进由于爆破参数选择不合理，掘岩效果不理想，循环进尺较低，依据前述分析结果，采用全断面分次起爆爆破掘岩时，爆破参数应予以调整。为进一步提高掘进速度，可采用炮掘及综掘联合掘进方法。

（1）全断面分次起爆爆破掘岩。掏槽孔炮孔深度可由2200mm增加至2700mm，辅助孔及周边孔炮孔深度可由2000mm增加至2500mm，考虑炮孔利用率为85%，每循环进尺约2100mm。

（2）炮掘及综掘联合掘进。在巷道中部用爆破法掘进面积约16.0m²的槽腔，再用综掘机切割厚度约150mm的薄层，扩展槽腔至整个掘进断面。槽腔爆破采用全断面一次起爆，掏槽孔炮孔深度增加至3000mm，辅助孔炮孔深度增加至2800mm，每循环进尺增加至2400mm，月进尺增加至120.0m。

8.2.3 围岩岩性为砂岩地段爆破掘进的合理工艺及循环作业图表

全断面分次起爆爆破掘岩由于支护及掘岩工艺调整，循环进尺增加至2100mm，调整后的砂岩全断面分次起爆爆破掘岩循环作业图如图8-2所示。炮掘及综掘联合掘进时，由于仅采用一次起爆，爆破辅助时间明显缩短，同时爆破槽腔的形成使综掘机掘岩速度明显提高，循环进尺增加至2400mm，调整后的砂岩炮掘及综掘联合掘进时循环作业图如图8-3所示。

针对淮北矿区工程实际，本章主要编制了巷道围岩岩性为泥岩时综掘合理循环作业图，巷道围岩岩性为砂岩时全断面分次起爆爆破循环作业图以及炮掘与综掘联合掘进的合理循环作业图。结果表明，合理调整巷道支护及掘岩工艺，可以使砂岩掘进循环进尺增加至2100~2400mm，泥岩掘进循环进尺增加至3000mm，月进度可增加至120.0~150.0m。

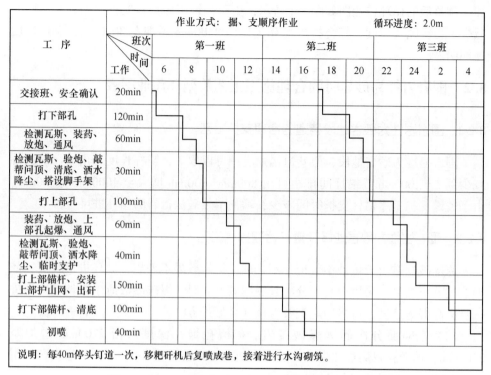

图 8-2　调整后的砂岩全断面分次起爆爆破循环作业图

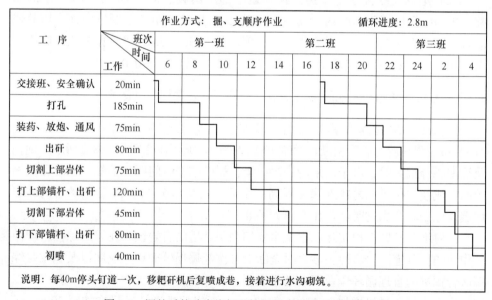

图 8-3　调整后的砂岩炮掘及综掘联合掘进时循环作业图

参 考 文 献

[1] 郭朋飞. 煤矿高效掘进技术研究 [J]. 能源与节能, 2018 (4): 41, 42, 107.

[2] 张雪峰. 深井高应力大断面岩巷掘进技术 [J]. 陕西煤炭, 2017, 36 (4): 94~97.

[3] 雷成祥, 经来旺, 杨仁树, 等. 千米深井岩石巷道快速综掘施工工艺 [J]. 中国矿业, 2013, 22 (5): 79~82, 103.

[4] 张忠国. 煤巷快速掘进系统的发展趋势与关键技术 [J]. 煤炭科学技术, 2016, 44 (1): 55~60.

[5] 张朋耀. 综掘机快速掘进技术的探讨 [J]. 黑龙江科技信息, 2014 (5): 73, 74.

[6] 涂兴子, 郭春生, 李海洋. 首山一矿岩巷综掘快速成巷工艺系统优化及应用 [J]. 中国煤炭, 2015, 41 (4): 62~65.

[7] 陈群忠. 深部岩巷钻爆法掘进技术研究及应用 [J]. 煤炭工程, 2014, 46 (3): 26~28.

[8] 常月章. 半煤岩巷掘进爆破参数及支护技术研究 [J]. 煤矿现代化, 2018 (6): 172~175.

[9] 高文乐, 周奥博, 张强. 坚硬岩石巷道爆破掘进参数优化 [J]. 爆破, 2015, 32 (2): 64~67, 105.

[10] 宗琦, 刘菁华. 煤矿岩石巷道中深孔爆破掏槽技术应用研究 [J]. 爆破, 2010, 27 (4): 35~39.

[11] 王镇. 营盘山单线铁路隧道爆破参数优化研究 [D]. 成都: 西南交通大学, 2017.

[12] 陈吉辉. 基于优化辅助眼控制爆破振速的研究 [J]. 煤炭技术, 2016, 35 (12): 212, 213.

[13] 董洪滨. 煤矿岩巷掘进光面爆破技术分析 [J]. 内蒙古煤炭经济, 2016 (22): 142, 143.

[14] 宋秀清. 隧道光面爆破参数的分析与选择 [J]. 价值工程, 2012, 31 (34): 90, 91.

[15] 黄宝龙. 岩巷掘进掏槽爆破理论与技术研究进展 [J]. 中国矿业, 2014, 23 (10): 103~106.

[16] 高建伟. 光面爆破技术在井巷施工中的应用探讨 [J]. 煤矿现代化, 2011 (4): 52~54.

[17] 郭进成. 周边孔炮孔密集系数对光面爆破效果影响研究 [J]. 煤, 2018, 27 (7): 11~13, 16.

[18] 苏静, 吴桂义, 张义平, 等. 扇形垂直中深孔爆破参数选取的正交试验研究 [J]. 矿业研究与开发, 2012, 32 (4): 100, 101, 104.

[19] 余永强, 吴帅峰, 褚怀, 等. 非均质硬岩巷道爆破方法研究 [J]. 工程爆破, 2013, 19 (6): 25~27, 56.

[20] 袁文华, 马芹永, 刘汉喜. 煤矿深部岩巷快速掘进炮孔深度和直径选择 [J]. 煤炭科学技术, 2009, 37 (12): 12~14, 46.

[21] 宗琦, 任军. 关于巷道掘进爆破中的合理炮眼深度和掏槽技术 [J]. 煤矿爆破, 2001 (1): 7~11.

[22] 张军. 煤矿岩巷快速掘进炮眼深度和直径的选择 [J]. 科技信息, 2013 (2): 412, 413.

[23] 杨玉银. 掏槽面积对隧洞开挖钻孔利用率影响试验研究 [J]. 爆破, 2013, 30 (2): 100~103.

[24] 张江涛. 大安山岩石巷道掘进爆破实验研究 [D]. 阜新: 辽宁工程技术大学, 2002.

[25] 赵祉君, 张成勇, 郝子强, 等. 中深孔爆破楔形掏槽装药参数研究 [J]. 矿山压力与顶板管理, 2003 (1): 97, 98, 101.

[26] 袁晓龙. 隧道楔形掏槽爆破技术研究 [D]. 淮南: 安徽理工大学, 2014.

[27] 任少峰, 余红兵, 赵明生, 等. 堵塞长度对巷道掘进掏槽爆破效果影响研究 [J]. 爆破, 2017, 34 (2): 51~54, 109.

[28] 李启月, 张成君, 吴正宇, 等. 受限自由面爆破装药量计算公式的优化研究 [J]. 爆破, 2017, 34 (1): 37~41, 66.

[29] 林岩, 张强, 袁智, 等. 综掘装备硬岩化技术发展 [J]. 辽宁工程技术大学学报 (自然科学版), 2012, 31 (2): 193~197.

[30] 聂文, 程卫民, 于岩斌, 等. 全岩机掘面压风空气幕封闭除尘系统的研究与应用 [J]. 煤炭学报, 2012, 37 (7): 1165~1170.

[31] 杨胜利, 王进学, 张鹏, 等. 基于围岩松动圈理论的锚杆支护技术研究 [J]. 金属矿山, 2010 (6): 44~47.

[32] 吴德义, 范竹飞, 程建新. 基于位移梯度的深部软弱煤岩松动圈厚度估算 [J]. 矿业研究与开发, 2018, 38 (9): 17~21.

[33] 万串串. 松动圈理论在地下深部层状围岩支护中的应用研究 [D]. 长沙: 中南大学, 2012.

[34] 郑志军, 张百胜. 基于松动圈理论的破碎软岩巷道支护研究与应用 [J]. 煤炭技术, 2017, 36 (5): 76~78.

[35] 王鹰鹏, 汪令辉. 松动圈理论在巷道支护设计中的应用 [J]. 现代矿业, 2013, 29 (6): 121~123.

[36] 周传福. 锚杆悬吊作用原理在软岩巷道施工中的应用 [J]. 煤炭技术, 2004 (11): 86, 87.

[37] 李明栋, 孟献歌, 汤杰, 等. 锚杆 (索) 对煤岩巷道的支护机理研究 [J]. 科技与企业, 2013 (1): 177~179.

[38] 唐红, 朱晓菲. 巷道锚杆锚索协同支护数值模拟研究 [J]. 中国煤炭, 2014, 40 (4): 65~69.

[39] 吴德义. 新集矿区全煤巷道合理支护形式及参数研究 [J]. 建井技术, 2000, 30 (5): 25~27, 34.

[40] 袁超. 深部巷道围岩变形破坏机理与稳定性控制原理研究 [D]. 湘潭: 湖南科技大学, 2017.

[41] 郭志宏, 董方庭. 围岩松动圈与巷道支护 [J]. 矿山压力与顶板管理, 1995 (Z1): 111~114.

[42] 李建国, 曹呆军. 优化工艺实现综掘机快速掘进 [J]. 山西煤炭, 2007, 27 (4):

24~26.

[43] 孙传军, 郑思达. 岩巷快速掘进技术研究 [J]. 江西煤炭科技, 2010, 38 (4): 39, 40.

[44] 廖尚华. 煤矿巷道快速掘进的方法 [J]. 中小企业管理与科技旬刊, 2010 (22): 323.

[45] 李晓勇. 开拓巷道掘进速度的影响因素及对策 [J]. 中国新技术新产品, 2012 (2): 48, 49.

[46] 高云太, 彭建. 巷道掘进的影响因素分析及其防范措施 [J]. 科技与企业, 2012 (9): 256.

[47] 李化敏, 付凯. 煤矿深部开采面临的主要技术问题及对策 [J]. 采矿与安全工程学报, 2006, 23 (4): 468~471.

[48] Diering D H. Ultra-deep level mining - future requirements [J]. South African Institute of Mining and Metallurgy, 1997, 97 (6): 249~255.

[49] 范生魁, 王月星. 优化工艺精细管理实现快速综掘技术实践 [J]. 科技资讯, 2009 (21): 50~52.

[50] 陈奇. 坚持科学发展观开创我国煤矿支护改革新局面 [J]. 煤矿支护, 2009 (1): 4~8.

[51] 蔡美峰, 何满潮, 刘东燕. 岩石力学与工程 [M]. 北京: 科学出版社, 2002.

[52] Kaiser P K, Maloney S, Morgenstern N R. Time-Dependent Behaviour of Tunnels in Highly Stressed Rock [J]. Archives of Gerontology & Geriatrics Supplement, 1983, 7 (1): 159~162.

[53] Diering D H. Tunnels under pressure in an ultra-deep wifwatersrand gold mine [J]. South African Institute of Mining and Metallurgy, 2000, 100 (6): 319~324.

[54] 何满潮, 谢和平, 彭苏萍, 等. 深部开采岩体力学研究 [J]. 岩石力学与工程学报, 2005, 24 (16): 2803~2813.

[55] 陈炎光, 陆士良, 侯朝炯, 等. 中国煤矿巷道围岩控制 [M]. 徐州: 中国矿业大学出版社, 1994.

[56] Williams P. The development of rock bolting in UK coal mines [J]. Mining Engineer, 1994, 153 (392): 307~312.

[57] Syd S Peng. Coal Mine Ground Control [M]. John Wiley and Sons Inc, 1978.

[58] Hurt K. New developments in rock bolting [J]. Colliery Guardian, 1994, 7: 133~143.

[59] 钱鸣高, 等. 矿山压力与岩层控制 [M]. 徐州: 中国矿业大学出版社, 2003.

冶金工业出版社部分图书推荐

书　名	作　者	定价(元)
中国冶金百科全书·采矿卷	本书编委会　编	180.00
中国冶金百科全书·选矿卷	编委会　编	140.00
选矿工程师手册（共4册）	孙传尧　主编	950.00
金属及矿产品深加工	戴永年　等著	118.00
露天矿开采方案优化——理论、模型、算法及其应用	王　青　著	40.00
金属矿床露天转地下协同开采技术	任凤玉　著	30.00
选矿试验研究与产业化	朱俊士　等编	138.00
金属矿山采空区灾害防治技术	宋卫东　等著	45.00
尾砂固结排放技术	侯运炳　等著	59.00
地质学（第5版）（国规教材）	徐九华　主编	48.00
碎矿与磨矿（第3版）（国规教材）	段希祥　主编	35.00
选矿厂设计（本科教材）	魏德洲　主编	40.00
现代充填理论与技术（第2版）（本科教材）	蔡嗣经　编著	28.00
金属矿床地下开采（第3版）（本科教材）	任凤玉　主编	58.00
现代岩土测试技术（本科教材）	王春来　主编	35.00
边坡工程（本科教材）	吴顺川　主编	59.00
爆破理论与技术基础（本科教材）	璩世杰　编	45.00
矿物加工过程检测与控制技术（本科教材）	邓海波　等编	36.00
矿山岩石力学（第2版）（本科教材）	李俊平　主编	58.00
金属矿床地下开采采矿方法设计指导书（本科教材）	徐　帅　主编	50.00
新编选矿概论（本科教材）	魏德洲　主编	26.00
固体物料分选学（第3版）	魏德洲　主编	60.00
选矿数学模型（本科教材）	王泽红　等编	49.00
磁电选矿（第2版）（本科教材）	袁致涛　等编	39.00
采矿工程概论（本科教材）	黄志安　等编	39.00
矿产资源综合利用（高校教材）	张　佶　主编	30.00
选矿试验与生产检测（高校教材）	李志章　主编	28.00
选矿概论（高职高专教材）	于春梅　主编	20.00
选矿原理与工艺（高职高专教材）	于春梅　主编	28.00
矿石可选性试验（高职高专教材）	于春梅　主编	30.00
选矿厂辅助设备与设施（高职高专教材）	周晓四　主编	28.00
矿山企业管理（第2版）（高职高专教材）	陈国山　等编	39.00
露天矿开采技术（第2版）（职教国规教材）	夏建波　主编	35.00
井巷设计与施工（第2版）（职教国规教材）	李长权　主编	35.00
工程爆破（第3版）（职教国规教材）	翁春林　主编	35.00
金属矿床地下开采（高职高专教材）	李建波　主编	42.00